建设项目
环境影响评价
新形势下水利水电工程生态环境保护
技术研究与实践

Research and Practice of Construction Projects Environmental Impact
Assessment on the Ecological Protection for Water Resource & Conservancy
and Hydropower Development Projects under the New Situation

生态环境部环境工程评估中心
水 电 生 态 环 境 研 究 院　编

中国环境出版集团·北京

图书在版编目（CIP）数据

建设项目环境影响评价新形势下水利水电工程生态环
境保护技术研究与实践/生态环境部环境工程评估中心，水
电生态环境研究院编. —北京：中国环境出版集团，2023.11
ISBN 978-7-5111-5639-6

Ⅰ. ①建…　Ⅱ. ①生…②水…　Ⅲ. ①水利水电工程
—区域生态环境—环境保护—研究—中国　Ⅳ. ①X321.2

中国国家版本馆 CIP 数据核字（2023）第 192749 号

出 版 人　武德凯
责任编辑　李兰兰
封面设计　宋　瑞

出版发行　中国环境出版集团
　　　　　（100062　北京市东城区广渠门内大街 16 号）
　　　　　网　　　址：http://www.cesp.com.cn
　　　　　电子邮箱：bjgl@cesp.com.cn
　　　　　联系电话：010-67112765（编辑管理部）
　　　　　　　　　　010-67112735（第一分社）
　　　　　发行热线：010-67125803，010-67113405（传真）
印　　刷　北京中科印刷有限公司
经　　销　各地新华书店
版　　次　2023 年 11 月第 1 版
印　　次　2023 年 11 月第 1 次印刷
开　　本　787×1092　1/16
印　　张　11
字　　数　230 千字
定　　价　45.00 元

中国环境出版集团郑重承诺：
中国环境出版集团合作的印刷单位、材料单位均具有中国环境标志产品认证。

《建设项目环境影响评价
新形势下水利水电工程生态环境保护技术研究与实践》
编 委 会

前　言

党的十八大以来，我国水利水电工程在环境影响评价管理与生态环境保护技术实践过程中，深入贯彻习近平生态文明思想，坚决落实习近平总书记系列重要批示指示精神，积极协调做好水利水电开发与生态环境保护，取得了重要发展与保护成效。我国水旱灾害防御和供水保障能力实现整体性跃升，水电装机规模稳居世界第一。在生态环境保护方面，基本形成了规划环评、项目环评、环境保护"三同时"、环保验收、后评价等覆盖水利水电项目"事前、事中、事后"全过程环评管理的制度支撑体系，行业政策进一步完善。协同开展小水电清理整改，推动小水电绿色发展。通过服务推进172项、150项重大水利工程和乌东德、白鹤滩等重大水电站建设，"以新带老"推动水生态保护修复，引导支持分层取水、过鱼、增殖放流等为代表的水电环保措施技术取得创新、突破，不断填补我国乃至世界相关技术空白，初步形成了流域生态环境保护措施体系。

"十四五"时期是我国强化水安全保障、加快能源绿色低碳转型、落实应对气候变化国家自主贡献目标的关键期，国家和地方正在大力推动国家、区域和地方水网规划和建设，水电功能定位和发展方向逐步发生调整，一些重大战略和复杂敏感工程建设提上日程。另外，"十四五"期间，水利水电工程已进入环保措施集中投运的新阶段。如何统筹新形势下的行业发展与生态保护、科学系统论证重大战略和复杂敏感工程的环境影响、强化已建环保措施的运行管理和适应性改进将是"十四五"乃至后续一段时期水利水电工程环境管理与生态保护面临的挑战。

在此背景下，生态环境部环境工程评估中心于2022年12月举办了"第十届水利水电生态保护研讨会——新形势下水利水电工程生态环境保护"。会议围绕水利水电行业生态环保回顾与展望、"双碳"目标下水电行业生态保护管理探索与实践、水利水电行业生态环境监管与生态保护技术实践等相关内容开展了交流讨论。编者从会议成果中遴选出19篇论文汇编成册，形成《建设项目环境影响评价新形势下水利水电工程生态环境保护技术研究与实践》一书，以期把握行业发展与生态保护新形势，总结水利水电行业绿色发展和生态环境保护技术进展，凝聚水利水电行业保护共识、促进保护技术交流，并为从事水利水电生态环境保护工作的相关单位和人员提供一定参考。

由于时间和编者水平有限，本书仍存在不足之处，敬请广大读者批评指正。

编　者

2023 年 6 月

目　录

2021 年度水电行业环境评估及对策建议

　　林　慧　葛德祥　温静雅　曹晓红 ……………………………………………1

我国水利行业生态环境保护"十三五"回顾与"十四五"展望

　　史晓新　赵　蓉　王晓红 …………………………………………………………6

水利水电项目竣工环保自主验收存在的问题及对策研究

　　黄　茹　曹晓红　温静雅　曹　娜 …………………………………………13

"双碳"目标下水风光互补的环境影响与制约研究

　　金　弈　董磊华 ……………………………………………………………………19

水、风、光多能互补助力"双碳"目标实现

　　李　奇　张乃畅　寇晓梅　牛　乐 …………………………………………28

金沙江下游梯级水电工程碳汇初步分析

　　崔　磊　高　繁　薛联芳　任　远 …………………………………………36

关于探索推进水电行业温室气体管理的重要意义及对策建议

　　吴兴华　温静雅　曹晓红　黄　茹 …………………………………………42

兴隆水利枢纽鱼道工程存在的问题与改进研究

　　孙双科　李广宁　张　超　柳海涛　郑铁刚 ……………………………47

安谷水电站过鱼设施改造效果研究

　　张　祺　施家月　黄　滨　周　武　汤优敏　孙钧键 …………………64

一种为过鱼设施提供高效诱鱼水流的装置及计算方法

　　侯轶群　李阳希　陈小娟　陶江平 …………………………………………73

雅砻江桐子林水电站施工期与运行期浮游藻类变化分析

　　刘小帅　徐　丹　宋以兴　李天才　邓龙君 79

龙开口水电站坝上坝下鱼类群落结构变化趋势

　　叶　明　谭冬明　邱承皓　常　娟　苑瑞东　杨　标 87

玉曲河扎拉水电站鱼类栖息地保护研究

　　张仲伟　陈思宝　陈　锋　范筱林 97

优化乌东德水电站库尾河段栖息地水力生境的生态调度研究

　　樊　皓　闫峰陵　张登成　蔡金洲 105

大藤峡运行后东塔产卵场鱼类繁殖期水量调度控制指标研究

　　刘丽诗　王　丽　葛晓霞　谭细畅 116

野生岷江柏迁地保护居群的遗传多样性研究

　　谢祥兵　刘四华　张蜀豫　常二梅　刘建锋　黄跃宁 126

长江流域上游梯级电站生态调度研究现状及有关问题探讨

　　吉小盼　王天野　傅　嘉　刘　园 138

水电工程环境影响的天地空一体化监测体系研究

　　尹华政　薛联芳　章国勇 149

流域水电开发全过程环境影响分析

　　代自勇　段　斌　王海胜　覃事河 159

2021年度水电行业环境评估及对策建议

林　慧　葛德祥　温静雅　曹晓红

（生态环境部环境工程评估中心，北京 100012）

摘　要： 水电是技术成熟、运行灵活、稳定可靠的可再生能源，也是我国第二大主力电源，在我国能源结构转型调整、"双碳"目标实现中发挥着重要支撑作用。为提升水电行业环境管理科学化、精细化、专业化水平，促进环境保护参与综合决策，依托环境影响评价（以下简称环评）智慧监管平台、全国建设项目竣工环境保护验收信息系统、全国环境执法平台以及行业发展现状数据，从行业发展、环境管理、环境保护措施技术、绿色发展指数等方面评估了 2021年水电行业环境管理水平及存在的主要问题，并就下一步加强和完善行业环境保护及管理提出针对性对策建议。

关键词： 行业发展；环境管理；环境保护措施技术；绿色发展指数

1　行业发展及保护现状

1.1　新增投产装机创新高，规模比重持续下降

随着乌东德、白鹤滩等大型水电站的相继投产，2021 年我国水电新增投产装机 2 076 万 kW，创"十三五"时期以来新高。截至 2021 年年底，全国水电总装机 3.91 亿 kW，占全国发电总装机容量的 16.4%，占全国非化石能源装机容量的 35.0%。受新能源快速发展影响，近年来水电装机比重呈持续下降趋势，2021 年占全国发电装机比重较上年下降0.4 个百分点，占全国非化石能源装机比重较上年下降 2.6 个百分点。2021 年，全国水电发电量 13 399 亿 kW·h，占全国全口径和非化石能源发电量的比重分别为 16.0% 和 46.3%，比重分别下降 1.78 个百分点和 6.2 个百分点。

1.2 小水电清理整改取得初步成效，整改范围和深度不断扩展

历经 3 年多清理整改，长江经济带 2.5 万余座小水电站中，共退出涉及自然保护区核心区或缓冲区、严重破坏生态环境的电站 3 500 余座，完成整改 2 万余座，消除减脱水河段 9 万余 km，取得积极生态修复成效。在不断强化流域生态保护修复的背景下，小水电清理整改范围持续扩大，2021 年，水利部、生态环境部等部门联合印发《关于进一步做好小水电分类整改工作的意见》《关于开展黄河流域小水电清理整改工作的通知》，对全国小水电清理整改工作再部署，明确了黄河流域小水电清理整改的工作要求，福建、广东等小水电大省也相继部署开展小水电清理整改工作。小水电清理整改深度也在不断加强，赤水河流域、陕西秦岭等重点生态功能区进一步提高清理整改标准，实施流域、区域系统清理整改，打造了清理整改的升级样板。

1.3 关键生态保护措施技术创新和建设不断取得突破，鱼道等关键措施已发挥积极保护效果

一是流域生态保护的措施体系正初步形成，关键生态保护措施技术创新和建设不断取得突破。据统计，2000 年至 2021 年年底，经生态环境部审批的 135 个国家级大中型水电建设项目中，共建成叠梁门分层取水设施 9 个、过鱼设施 30 个、鱼类增殖站 61 个。通过持续引导和大力推动，以鱼道为代表的我国水电环保措施设计建造技术取得重要突破，创造多项世界第一。2021 年，随着白鹤滩等水电站的投产和部分措施技术攻关的完成，共有 2 个分层取水措施、11 个过鱼设施投入使用。其中，白鹤滩水电站对叠梁门分层取水设施启闭系统、抓梁型式等进行了优化改进，进一步提高了运行效率和灵活性；同时，白鹤滩水电站还建设了多点、多型式、组合式集鱼系统，进一步提高了过鱼保证率。

二是已建鱼道总体发挥了积极保护效果。2021 年度在往年工作的基础上，选择鱼道开展了典型环保措施技术评估。截至 2021 年，生态环境部通过批复共对 21 个水电工程提出了建设鱼道过鱼设施的要求，其中有 10 个已建成投运。目前建成运行的鱼道多数总体发挥了积极过鱼效果，以西藏某河流两级鱼道为例，2021 年共监测过鱼数量 36 250～73 809 尾。

2 面临的形势与问题

2.1 "双碳"目标特别是高比例新能源的电力结构，为水电发展带来新的历史机遇

一是抽水蓄能迎来重大发展机遇期。为适应新型电力系统建设和大规模高比例新能源发展需要，近年来抽水蓄能快速发展。据统计，目前全国有约 2 亿 kW 的抽水蓄能电站正

在开展前期工作，其中在开展预可研工作项目 123 个，总装机容量 14 951.5 万 kW；在开展可研工作项目 40 个，总装机容量 5 508 万 kW。预计"十四五"期间抽水蓄能电站建设数量将超过 200 个。抽水蓄能在迎来重大发展机遇的同时，也面临现实环境制约问题。《抽水蓄能中长期发展规划（2021—2035 年）》7.2 亿 kW 项目库中，目前有 3 亿 kW 项目涉及生态保护红线，占比为 42%。

二是大中型常规水电仍将保持一定发展增速。根据《国务院关于印发 2030 年前碳达峰行动方案的通知》，"十四五"期间新开工项目 17 个左右，总装机超过 2 000 万 kW。目前，有 5 个项目已开工，3 个项目环评已批复，其余项目中，有 4 个项目涉及规划环评层面问题，6 个项目涉及敏感生态环境影响问题，需要深入论证，慎重决策。

2.2　小水电清理整改质量有待提升，执法监管覆盖面较为有限

2021 年通过环评审批的 546 个水电项目和提交验收备案的 993 个水电项目中，绝大部分属于小水电清理整改补办环评和验收手续。通过分别抽取 50 个环评和验收项目分析发现，地方对水电项目环评审批措施要求集中在污染防治和生态流量泄放，对水生生态保护措施考虑不够；验收工作质量普遍一般，反映出各地在推进小水电整改过程中，更侧重于履行手续，对工作质量的把握和流域生态保护修复的考虑不够，部分项目存在整改要求不到位等问题。2021 年全国各级生态环境执法部门对水电站共开展执法检查 2 759 家次，占全国水电站数量的 6%，执法内容主要是结合小水电清理整改对水电站生态流量泄放开展检查，总体覆盖面有限。

2.3　环保措施监测评估标准规范欠缺，适应性管理有待加强

与发达国家相比，以鱼道等为代表的我国水电环保措施硬件条件总体处于同一水平甚至领先，但在标准规范建设和运行管理等"软件"方面还存在一定差距。一方面，欧洲、北美、澳洲相关国家均制定了统一的监测评估标准，而我国相关工作较为滞后，目前尚无正式的标准出台，造成监测和效果评估方法及指标应用较为混乱。另一方面，欧美发达国家和地区水电环保措施建成之后会专门制订运行方案，并根据监测数据定期组织专家对鱼道提出适应性改进意见，保证措施运行效果。而我国已建成水电工程环保措施运行管理方面仍相对粗放，运行的规范性、专业性以及监测工作的持续性、适应性改进方面仍有较大差距。

2.4　绿色发展水平总体处于中等，今后仍有较大提升空间

2021 年度基于我国水电开发全过程生态环境保护及管理要求，研究构建了水电绿色发展指数（GHI）评估指标体系及评估方法，并选取金沙江、雅砻江、大渡河、乌江、澜沧

江、黄河上游等主要水电基地 2006 年及之后批复环评且已处于完全投产运行状态的 27 个大中型水电站作为样本开展了水电绿色发展水平评估试点。评估结果显示,水电绿色发展指数为 A 等级项目占比 19%,B 等级项目占比 48%,C 等级项目占比 33%。排名前 15 的项目总体以 2010 年及之后批复为主,部分项目绿色发展水平偏低的主要原因是环保措施不全面、技术水平不高、环保验收滞后或环保措施未及时落实到位等,今后仍有较大提升空间。

3 对策建议

3.1 尽早建立完善抽水蓄能环境管理相关政策,加强"十四五"预期开工大中型常规水电项目环评论证

一是强化政策引导作用,明确抽水蓄能环境管理要求和技术标准。建议尽早制定抽水蓄能环境管理政策文件,规范全国抽水蓄能项目环评分级审批管理,明确抽水蓄能相关规划及规划环评要求,针对性强化抽水蓄能项目环境保护要求。研究制定抽水蓄能电站环评审批原则、技术评估要点和重大变动清单,统一各地环评审批尺度,规范技术评估论证,明确重大变动管理要求。

二是加强"十四五"预期开工大中型常规水电项目环评论证,统筹协调好水电开发与生态保护。后续加强对"十四五"预期开工大中型常规水电项目环评工作的跟踪指导,推动解决规划环评层面问题,严格做好重大敏感生态影响问题研究和论证,严格环保措施要求,科学、有序推动项目开发建设。

3.2 进一步提高小水电整改的系统性和全面性,扩大环境监管覆盖面

已按照中央生态环境保护督察和有关部门意见完成整改的地区,应及时开展"回头看",查缺补漏,纠正整改工作中存在的问题。正在推进和尚未开展整改的地区,积极通过流域水电开发回顾性评价、"一站一策"整改方案制订等手段,因地制宜作出流域生态保护修复措施的统筹安排,提高整改措施的系统性和全面性,避免小水电清理整改补办环评手续流于形式。尽早建立水电等生态影响类建设项目环境监管信息平台,扩大监管覆盖面。

3.3 尽早制定环保措施标准规范,强化适应性管理

建议尽早推动制定主要环保措施运行管理、效果监测及评估相关技术标准,规范措施运行管理和效果评估。将主要环保措施适应性管理纳入水电日常环境监管内容,督促水电开发企业规范做好措施运行,加大监测和科研投入,总结措施设计及运行经验教训,持续推进措施适应性优化改进,不断提升措施运行效果。

3.4　持续完善水电绿色发展指数并加强推广应用

后续在持续完善指数评估的基础上，强化在企业自主环境管理和环境执法监管等方面的应用，引导企业积极通过后评价等途径，不断完善环保措施、提高保护水平。根据绿色发展水平制订"靶向清单"，实现精准执法与帮扶，提高环境管理针对性和监管效能。此外，建议开展将绿色发展水平纳入未来水电参与绿色电力交易、碳排放交易考核指标的相关政策研究，促进进一步加大保护投入，协同推动绿色发展。

参考文献

[1]　国家能源局. 国家能源局 2022 年一季度网上新闻发布会文字实录[EB/OL].（2022-01-28）[2022-01-28]. http：// www.nea.gov.cn/2022-01/28/c_1310445390.htm.

[2]　水利部等部门. 水利部印发关于进一步做好小水电分类整改工作的意见[EB/OL].（2021-12-31）[2021-12-31]. http：// www.hydropower.org.cn/showNewsDetail.asp？nsId=31882.

[3]　水利部等部门. 关于开展黄河流域小水电清理整改工作的通知[EB/OL].（2021-12-27）[2021-12-27]. http：// www.mwr.gov.cn/zwgk/gknr/202201/t20220105_1558137.html.

[4]　国家能源局.《抽水蓄能中长期发展规划（2021—2035 年）》印发实施[EB/OL].（2021-09-09）[2021-09-09]. http：// www.nea.gov.cn/2021-09/09/c_1310177087.htm.

[5]　温静雅，陈昂，曹娜，等. 国内外过鱼设施运行效果评估与监测技术研究综述[J]. 水利水电科技进展，2019，39（5）：7.

我国水利行业生态环境保护"十三五"回顾与"十四五"展望

史晓新　赵　蓉　王晓红

（水利部水利水电规划设计总院，北京 100120）

摘　要： 特殊的国情水情和经济社会发展阶段，决定了我国水利行业生态环境保护工作仍将长期面临巨大挑战。在当前全面建成小康社会、迈向全面建设社会主义现代化国家的关键时期，如何准确把握人民群众水生态、水环境需求从"有没有"向"好不好"的转变，破解新老突出问题与发展掣肘，是转型期水利行业生态环境保护发展的重要议题。通过回顾"十三五"时期我国水利行业生态环境保护主要成就，对新时期水利发展面临的若干生态环境保护问题与挑战进行了剖析与研判，在此基础上研究提出我国水利行业生态环境保护"十四五"工作主要思路与重大举措，对丰富新时期水利高质量发展理论与实践具有重要意义。

关键词： 水利行业；生态环境保护；高质量发展；"十四五"；重大举措

水利是经济社会发展的基础性行业，关系防洪、供水、粮食安全和经济、生态、国家安全。水生态、水环境保护是水利的重要组成部分。我国实施生态文明建设以来，水利行业生态环境保护工作作为水利发展的重要内容，得到了高度重视和快速发展。尤其"十三五"时期全面建成小康社会决胜阶段，随着水利改革发展和生态文明建设向纵深推进，我国水利行业生态环境保护工作取得了重大成就。"十四五"时期是开启全面建设社会主义现代化国家新征程的第一个五年，也是加快水利改革发展的关键期。2021 年，水利部明确提出新阶段水利高质量发展的总体目标是全面提升国家水安全保障能力，并将提升大江大河大湖生态保护治理能力纳入四个次级目标，提出了生态优先、绿色发展理念贯穿水利高质量发展始终，水资源刚性约束制度效能充分发挥，用水方式向集约节约转变，水生态水环境持续改善，河湖健康生命得以维护，绿色发展方式和生活方式加快形成，实现人水和谐共生等要求[1-2]。把发展质量问题摆在更加突出的位置，是未来水利工作的重中之重，也为水利行业生态环境保护工作进一步指明了主攻方向。因此，亟须通过总结和回顾"十三五"时期我国水利行业生态环境保护的成果和问题，分析新形势对水利工作中生态环境保护的新要求，提出"十四五"时期水利生态环境保护工作重点方向和举措，推动水利行业全面提高生态环境保护能力和治理水平。

1 "十三五"时期水利行业生态环境保护工作成就

"十三五"时期，我国水利行业按照习近平总书记"十六字"治水思路，贯彻生态优先、绿色发展理念，按照"确有需要、生态安全、可以持续"要求，稳步推进水利规划编制及172 项重大水利工程建设，在提升水安全保障能力方面取得了一系列生态环境保护成就。

一是环境影响评价推动水利绿色发展作用日益凸显。规划环境影响评价、项目环境影响评价工作促进水利规划设计理念转变，生态优先、保护优先的意识增强。水利规划在统筹开发与保护、衔接国土空间规划、强化"三线一单"管控、科学配置流域水土资源和规划重大工程布局等方面取得显著成果；通过与规划环境影响评价的互动，流域综合规划、水安全保障规划等将生态环境保护作为规划的主要目标和任务。水利建设项目在强化资源环境刚性约束和合理论证优化工程任务、规模、选址选线、建设工艺等方面，都取得明显成效，水利工程建设从"要我环保"向"我要环保"转变显著。

二是江河湖泊水生态、水环境治理能力不断提升。实施山水林田湖草系统治理的理念在水利规划方案和水工程建设方案设计中逐步树立。"十三五"时期按照国家重大战略要求，编制并实施了《京津冀协同发展六河五湖综合治理与生态修复总体方案》《永定河综合治理与生态修复总体方案》《黄河流域生态保护和高质量发展水利专项规划》《大运河河道水系治理管护规划》《华北地区地下水超采综合治理行动方案》等重要河湖流域生态保护与治理规划或方案，统筹考虑水环境、水生态、水资源、水安全、水空间等方面的有机联系，通过河湖生态补水、水环境综合治理、地下水压采、海水入侵防治等措施，加强重要河湖生态保护与综合治理力度，取得显著生态环境效益。引汉济渭、滇中引水、吉林西部供水、大藤峡枢纽、开化水库等引调水和水库枢纽工程前期论证和建设中，河湖生态流量保障和生态调度设计逐步完善，河湖生态补水等生态修复任务逐步强化，将生态水量纳入水资源配置和管理中，加快了受损河湖生态环境修复与保护[3]。过鱼设施、鱼类增殖站、分层取水、人工湿地处理、生态边坡等重大环境保护技术在引汉济渭、引江济淮、贵州夹岩枢纽、新疆大石峡枢纽等水利工程建设实践中取得新进步。

三是水利建设项目环境保护技术标准体系不断完善。"十三五"期间，《河湖生态保护与修复规划导则》《水资源保护规划编制规程》《水利水电工程可行性研究报告编制规程》及《水利水电工程初步设计报告编制规程》（环境影响评价和环境保护设计章节）、《水利工程设计概（估）算编制规定》（环境保护工程）、《水利水电工程环境保护设计规范》、《水利水电工程鱼类增殖站设计规范》和《水利水电工程环境监测规范》等一批技术规范相继或即将颁布实施，对指导和规范全国河湖水资源、水生态、水环境保护与修复规划编制、水利工程环境保护设计等发挥重要作用。《生态水利工程建设指南》《生态堤防建设指南》编制和关键技术研究取得重要成果，对引领和推动新时期水利工程设计标准体系生态化具有重要意义。

四是水资源、水生态、水环境保障与监督管理能力不断提升。出台《水利部关于做好河湖生态流量确定和保障工作的指导意见》，编制完成《全国重要河湖生态流量保障方案》，发布了 477 个生态流量保障河湖名录，提出了 41 条跨省河流生态流量保障目标及主要控制断面监测考核要求，为推进全国河湖生态流量保障工作奠定重要基础。修订实施《水功能区监督管理办法》，建立健全水功能区分级分类监督管理体系，印发《水利部关于进一步加强入河排污口监督管理工作的通知》。"十三五"期末，全国重要江河湖泊水功能区监测覆盖率已达 95%，重点流域基本实现规模以上入河排污口全覆盖监测。水利部门管理的 290 个全国重要饮用水水源地实现"一源一策"，分类管控，实施在线监测和分级监管[3]，人民群众饮用水安全保障能力日益提升，基本能够喝上放心水。

2 新时期水利发展面临的若干生态环境保护问题与挑战

2.1 面临的新形势新要求

党的十八大以来，习近平总书记高度重视生态文明建设，先后提出"节水优先，空间均衡，系统治理，两手发力"的治水新思路，"绿水青山就是金山银山"理念，"山水林田湖草生命共同体"理念，同时，河（湖）长制及京津冀协同发展、长江经济带发展、黄河流域高质量发展等国家重大战略相继实施，均对水利高质量发展中的生态环境保护提出更新、更高的要求。

满足民生需求。以人民群众对持久水安全、优质水资源、健康水生态、宜居水环境、先进水文化、优美水空间的美好生活需要为根本目标[4]，既要不断提升水资源供给保障标准、保障能力、保障质量，也要不断提升河湖生态系统质量和稳定性，建设造福人民的幸福河，支撑流域高质量发展和满足人民高品质生活需求。

解决累积问题。我国水资源供需矛盾突出，资源性、工程性、水质性缺水问题在不同地区不同程度存在，海河、黄河、西北诸河等流域长期挤占河湖水量和空间，部分地区生态环境累积性问题突出，要针对问题深挖根源、找准病因，强化系统源头治理[5]。

增强风险意识。统筹发展与安全，树立底线意识，严守水资源开发利用上线、水环境质量底线和生态保护红线，摸清水资源供用耗排各环节、洪涝潮和干旱灾害各方面、水生态环境各要素的风险底数，强化风险防控。

强化生态保护。正确处理生态环境保护与水资源开发利用、水利工程建设的关系，开发利用水资源不能对水资源和水生态环境竭泽而渔，水生态环境保护也不是舍弃经济发展而缘木求鱼[6]，在符合"三线一单"要求的同时合理开发和利用水资源，规划布局水利基础设施，促进经济社会发展与水资源、水环境、水承载能力相协调，强化生态保护。

推进协同治理。治水不能就水论水，要运用系统方法把握流域水循环全过程及其内在规律，统筹山水林田湖草系统治理，推动上中下游协同共治，强化国土空间管控和环境准入清单管理；河湖治理保护既非一日之功，也非一地之责，需持续提升跨区域、多部门协同联动治理能力，强化协同治理。

2.2 面临的主要问题

当前，与人民群众对水安全、水资源、水生态、水环境的需求相比，水利发展不平衡不充分问题依然突出，既包括区域、城乡、建设与管理、开发利用与节约保护等发展不平衡的问题，也包括水旱灾害防御能力、水利基础设施网络覆盖、水资源优化配置、大江大河大湖生态保护治理能力等发展不充分的问题。对照生态优先、绿色发展的生态文明建设要求，目前水利工作在环境保护方面主要存在以下问题。

一是水资源保护与开发利用的矛盾。我国人多水少，水资源时空分布不均、与生产力布局不匹配，破解水资源配置与经济社会发展需求不相适应的矛盾，是新阶段我国发展面临的重大战略问题。部分区域水资源过度开发加之入河湖污染物排放量居高不下、人类活动挤占水生态空间，导致河道断流、水质恶化、河湖萎缩、绿洲退化、地面沉降等水生态环境问题[7]。这些问题覆盖范围广且在一些区域比较严重，解决的难度很大。

二是生态环境保护与水利工程建设的矛盾。水利工程建设和生态环境保护协同共生存在较为突出的问题，统筹解决好生活、生产、生态用水需求并减缓工程建设引发的生态环境问题将是长期艰巨的任务。一些不合理的水资源开发利用方式加剧了水生态环境问题。水利工程调蓄水资源、承泄洪水、供水灌溉等改变了自然河流湖泊下垫面状况及水文循环过程，也可能对动物的迁移造成阻隔、对生物栖息地等造成不利影响。一些地区无序建设大坝造成河流生境破碎化，过度引水造成河流减水过大或脱流，渠化硬化河道造成河湖健康受损和地表地下水交换受阻，缺乏生态考虑的调度造成河湖基本生态流量和敏感期生态流量不足等问题[8]。这些问题对部分地区生态系统的生境结构产生不利影响，导致河湖水生态系统受损，成为制约生态环境质量的主要因素。

三是生态理念和技术滞后制约了水利工程生态保护措施落实。我国从 20 世纪以后，才逐步加强减缓水利工程不利影响的重大环保措施设计和建设，但水利工程建设在开发任务和规模上，主要关注需求侧，而供给侧生态保护考虑不足；在建设工艺上，主要关注安全性和经济性，生态化理念欠缺，环境友好型建设方案和施工工艺的创新性较弱[8]。当前，水利工程部分生态保护措施技术尚不成熟，湿地生态补水修复、鸟类栖息地恢复及污染场地生态修复等一些重大环境保护对策措施，生态保护工程技术的理论、标准规范及实践都有待深入研究。

四是水利工程建设与国土空间规划存在不协调问题。国土空间规划是当前我国优化规划体系、实现"多规合一"、有效实施国家战略的重要手段，未来也将引领水利规划及水利基础设施建设布局。由于国土空间规划尚处于编制过程中，生产、生活、生态空间的划分仍然存在空间格局、管控指标、重点项目与资源环境承载力之间未充分衔接，以及各类空间划定标准不一致、各类规划横向不协调、纵向不衔接等问题[9]。如何在"一张蓝图"中将水利规划与其他规划有机融合，在国土空间中合理划定河湖水生态空间与水利基础设施网络布局，并与自然保护地和生态保护红线划定成果及"三线一单"成果相协调，有效支撑新时期国家水网等骨干水利工程规划建设，并解决好已建水利工程空间遗留问题，仍存在诸多需要研究和协调之处。

3 "十四五"时期加强水利行业生态环境保护工作的重大举措

"十四五"时期是加快水利改革发展、全面提升水安全保障能力的关键时期。按照"十四五"时期水利工作总体部署，将重点围绕提升水旱灾害防御能力、提升水资源集约节约利用能力、提升水资源优化配置能力、提升大江大河大湖生态保护治理能力等方面开展工作。水利行业生态环境保护将紧密围绕"提升国家水网功能一体化"的总体目标，以提升国家水网的生态功能为核心，并协同提升生态优先理念下国家水网水灾害防御、水资源调配功能，全面提升水利工作中河湖生态保护与综合治理水平，推进水利高质量发展。

一是坚持生态优先，谋划流域区域水安全保障规划新布局。水利规划是水利发展的蓝图和行动纲领，是水利公共服务和社会管理的重要基础，是安排水利建设、制定制度与政策、规范水事活动的重要依据。编制流域或区域水安全、水资源、水生态、水环境等多要素一体化的水安全保障规划，以解决流域水生态、水环境累积性问题和关键问题，全面提升河湖生态系统质量和稳定性为目标，强化水资源环境刚性约束，注重节水治污，突出空间均衡，统筹山水林田湖草各要素，强调系统治理，保障水资源的可持续利用。同时，统筹国土空间规划，加强水利规划成果中涉水生态空间的研究与划定，体现"多规合一"，促进多行业规划有机融合。

二是复苏河湖生态环境，建立水资源环境保护与生态修复体系。要按照重塑和保持河湖健康生命形态的要求，统筹水量、水质、水生态、水空间等要素及其有机联系，建立水资源环境保护与生态修复新体系，围绕国家重大战略，推进流域水资源环境保护与生态修复工作。建设长江等重要河流绿色生态水系廊道，科学调整和恢复长江与中下游通江湖泊江湖关系，加强西北和华北生态脆弱河湖差异化保护与修复，开展重要河湖生态调度，保障生态流量并加强适应性管理；以三江源、祁连山、秦岭等水源涵养区为重点，开展水源涵养和水土保持生态建设，科学推进华北等重点地区水土流失综合治理和清洁小流域建设；加强永定河、大清河、石羊河、黑河、塔里木河等水资源开发利用过度和水生态损害严重河湖生态治理；推进滇池、洱海、太湖、巢湖、珠江三角洲河网等水动力条件不足和水质较差河湖环境整治；加强华北平原、黄淮地区、三江平原等地下水超采区综合治理。

三是深化环境影响评价，提升国家水网的水生态功能保障能力。要立足流域整体和水资源空间配置，遵循"确有需要、生态安全、可以持续"的重大水利工程论证原则，以重大引调水工程和骨干输配水通道为纲、以区域河湖水系连通工程和供水渠道为目、以控制性调蓄工程为结，构建"系统完备、安全可靠，集约高效、绿色智能，循环通畅、调控有序"的国家水网，全面增强我国水资源统筹调配能力、供水保障能力、战略储备能力[10]。在国家水网建设过程中，强化规划环评与项目环评的早期介入与全过程互动。重视生态问题诊断、成因分析与机理研究。强化河湖生态补水、水系连通、河流生态廊道建设等水利工程生态保护与修复任务的积极谋定与科学论证。深入推进工程生态补水目标与规模、生态流量、生态调度、水资源刚性约束机制等与生态环境关系密切的关键问题专项研究。

四是推进环境保护技术发展，补齐水利工程的河湖健康保障能力短板。加强拦河建筑物过鱼设施、取水口分层取水设施等环保措施与主体工程设计的有机衔接，在技术有效性、适用性、经济性等方面取得新进展。加强重大引调水工程水源区与输水渠道水质保护、受水区水污染综合防治、鱼类增殖放流站、栖息地修复、人工湿地处理等措施的综合论证与环境适宜性管理。推广生态堤防等环境友好、低影响的水利工程治理新技术。鼓励水安全、水生态、水环境、水景观、水文化多功能一体化的水利工程建设方案。

五是加快完善水利环保技术标准体系，提升水生态、水环境治理的科学化、规范化与精细化。着力完善水利工程生态流量计算与保障、生态调度方案编制，栖息地保护与修复设计、分层取水设计、生态流量与水温监测技术等方面的标准体系，适时推进生态水利工程标准体系研究。

六是系统开展水利环保重大科研工作，提升水生态、水环境治理项目谋划能力和关键技术储备能力。有序推进北方缺水地区、西南高原湖泊、东部河网水系等重点流（区）域在饮用水安全保障、美丽河湖建设要点、湿地生态系统需水与修复机理、水资源条件对流域生态演变的影响与生态安全调控、生态产品价值实现机制等重点领域的相关研究工作，破解水环境改善、河湖水生态修复、地下水超采区治理等关键技术难题，为水利高质量发展提供生态技术支撑。

七是强化水生态监测，提升水生态环境保护和监管能力。加强我国大江大河及主要支流、重点湖泊水生态监测网络建设，完善重要河湖控制断面生态流量监测设施，开展河湖水域岸线空间范围确权划界和监测。建立基于卫星遥感、雷达、移动设备的水资源、水环境、水生态"三水"智能感知技术体系，通过系统的水生态监测评价，评估各项水安全保障工程和措施的生态效应，及时优化调整工程措施布局、生态保护对策措施等，促进河湖水生态系统健康稳定[11]。

参考文献

[1] 李国英. 深入贯彻新发展理念　推进水资源集约安全利用[N]. 人民日报，2021-03-22（10）.

[2] 李国英. 推动新阶段水利高质量发展为全面建设社会主义现代化国家提供水安全保障——在水利部"三对标、一规划"专项行动总结大会上的讲话[Z]. 2021.

[3] 水利部. 水安全保障"十三五"规划实施总结评估报告[R]. 2021.

[4] 鄂竟平. 在2021年全国水利工作会议上的讲话[N]. 中国水利，2021-01-29.

[5] 王晓红，张建永，史晓新. 关于构建六水统筹协同治理新体系的思考[J]. 水利规划与设计，2021（8）：1-4.

[6] 习近平. 在深入推动长江经济带发展座谈会上的讲话[EB/OL].（2019-08-31）[2021-10-16]. https://www.gov.cn/xinwen/2019-08-31/content_5426136.htm.

[7] 水利部水利水电规划设计总院. 全国水利基础设施空间布局规划[R]. 2021.

[8] 水利部水利水电规划设计总院. 生态水利工程建设研究要点报告[R]. 2018.

[9] 王晓红，张建永，史晓新. 新时期水资源保护规划框架体系研究[J]. 水利规划与设计，2021（6）：1-3，21.

[10] 水利部. "十四五"时期以国家水网建设为核心　提升国家水安全保障能力[EB/OL].（2021-01-26）[2021-10-15]. https://baijiahao.baidu.com/s？id=16899539349 49763009&wfr=spider&for=pc.

[11] 王浩，王建华，胡鹏. 水资源保护的新内涵："量—质—域—流—生"协同保护和修复[J]. 水资源保护，2021，37（2）：1-9.

水利水电项目竣工环保自主验收存在的问题及对策研究

黄　茹　曹晓红　温静雅　曹　娜

（生态环境部环境工程评估中心，北京 100012）

摘　要：通过开展全国水利水电建设项目竣工环境保护自主验收工作情况的统计分析、典型案例跟踪，分析研究了当前竣工环境保护验收工作面临的形势、存在的问题，提出了相关的对策建议，以期为不断完善水利水电建设项目竣工环境保护自主验收管理提供支撑，也为企业开展工程竣工环境保护验收提供指导。

关键词：水利水电项目；竣工环境保护自主验收；问题；对策

竣工环境保护验收是保障水利水电建设项目落实环境保护措施的有效手段。《建设项目竣工环境保护验收技术规范　水利水电》（HJ 464—2009）（以下简称现行验收规范）自实施以来，在指导和规范水利水电建设项目竣工环境保护验收工作中发挥了重要作用。十余年来，我国的环境保护管理制度进行了重大革新，环境管理日益完善，环境保护事中事后监管不断加强[1]。2017 年 10 月 1 日新版《建设项目环境保护管理条例》（以下简称《条例》）正式实施后，建设项目竣工环境保护验收责任主体由生态环境主管部门转变为建设单位[2-3]，随着环境保护要求的提高和技术水平的提升，水利水电行业竣工环境保护验收关注重点也发生变化[4-5]，现行验收规范中的部分内容已经不适应当前环境保护法律法规和环境管理要求，难以有效指导建设单位自主开展竣工环境保护验收工作。近 20 年来，我国的水利水电事业蓬勃发展，目前大量水利水电工程建设完成，即将进入竣工环境保护验收工作阶段。为了指导建设单位自主开展环境保护验收工作，本文通过对我国水利水电建设项目竣工环境保护验收工作现状的总结、典型案例的跟踪，分析了当前竣工环境保护验收工作面临的形势、存在的问题，提出了相关的对策建议，以期为不断完善水利水电建设项目竣工环境保护自主验收管理提供支撑，也为企业开展工程竣工环境保护验收工作提供参考借鉴。

1 竣工环境保护自主验收工作基本情况

对 2018—2021 年全国建设项目竣工环境保护验收信息平台（以下简称自验平台）备案的 7 000 多个水利水电项目情况进行统计分析，其中水电、水利项目占比分别为 46.9% 和 53.1%。水利项目中，水库工程、灌区工程、引水工程、防洪治涝工程、河湖整治工程的占比分别为 8.7%、6.8%、4.3%、18.9%、14.4%。从验收项目环评文件审批级别来看，国家级、省级、市级、区县级审批项目占比分别为 2.4%、8.9%、25.7%、62.9%，区县级生态环境部门审批项目已成为竣工环保自主验收的主体。从验收项目所处省（区、市）来看，江西和浙江验收项目最多，分别占验收项目总数的 10.4% 和 10.2%；其次为四川和贵州，占比均为 9.2%。全国验收项目数量前十的省（区、市），其项目数量合计占 71.2%（见图 1）。

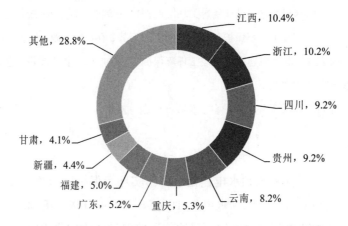

图 1 2018—2021 年各省（区、市）自主验收项目数量占比

2018 年以来，自验平台备案的企业自主验收项目数量逐年上升（见图 2）。其中，水利项目呈稳步增加态势，年均增长率为 45.8%；水电项目总体呈增加趋势，在 2020 年大幅增加，其主要原因为小水电清理整改过程中部分项目补办环评和验收手续，2021 年有所回落。

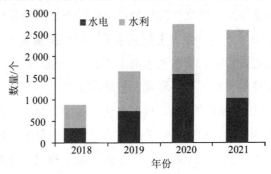

图 2 2018—2021 年自主验收项目数量

2 竣工环境保护自主验收面临的形势及存在的问题

2.1 监管工作机制日益完善，监督执法力度不断加强

"十三五"时期以来，生态环境保护工作不断加强事中事后监督管理，生态环境部相继发布了《关于进一步做好建设项目环境保护"三同时"及自主验收监督检查工作的通知》（环办执法〔2020〕11号）、《关于进一步完善建设项目环境保护"三同时"及竣工环境保护自主验收监管工作机制的意见》（环执法〔2021〕70号）等文件，不断压实属地监管责任、规范现场监督检查内容，不断加强对自主验收的监督执法力度，并严格查处相关违法行为。对于"三同时"制度不落实或落实不到位、未经验收擅自投产、自主验收过程中弄虚作假、未按要求向社会公开验收报告等行为，除依照法律法规进行处理处罚外，还会将建设项目有关环境违法信息及时记入环保信用信息平台，并向社会公开。随着环境监管的不断强化，企业开展竣工环境保护自主验收面临更高的要求。

2.2 验收项目数量逐年增加，验收工作技术指导需求大

随着大批水利水电工程的建设完成，许多项目进入竣工环境保护验收阶段。根据自验平台数据，水利水电竣工环境保护自主验收项目数量逐年上升，如2018—2021年水利自主验收项目数量年均增长率为45.8%。随着172项重大水利工程和十三大水电基地建设逐步实施，大量水利水电项目需要开展竣工环境保护验收工作。近年来，我国的环境保护管理制度进行了重大革新，建设单位成为建设项目竣工环境保护验收的责任主体。水利水电行业环境管理也日益完善，环境保护措施由"有没有"走向"好不好"，竣工环境保护验收中关注的重点也有所变化。《建设项目竣工环境保护验收技术规范 生态影响类》（HJ/T 394—2007）尚未完成修订，《建设项目竣工环境保护验收技术规范 水利水电》（HJ 464—2009）也已不适应当前的新形势。由于缺乏具体标准和操作细则，造成企业在自主验收工作过程中难以准确把握验收标准和技术要求，水利水电建设项目竣工环境保护验收工作亟须规范和指导。

2.3 验收程序不规范情况普遍

验收期限及公示时间不规范情况普遍。根据自验平台数据，2018—2021年自验的水利水电项目不满足验收期限最长不超过12个月要求的项目占34.2%，不满足验收调查报告公示时间不少于20个工作日要求的项目占16.4%，不满足验收公示期满后5个工作日内提交备案自验信息要求的项目占40.1%。

涉及重大变动未重新报批环评文件。对52个水利水电建设项目竣工环境保护验收调

查报告进行跟踪，约 19%的项目存在坝型变动、单机规模增加超过 20%、正常蓄水位变更、增殖放流措施未落实、洄游通道未实施等重大变动情形，未重新报批环评文件。

部分项目存在验收结论不明确或不正确的问题。跟踪的 52 个项目中，约 8%的项目验收意见中未明确是否通过竣工环境保护验收；约 12%的项目未按照环评批复要求落实环保措施，验收意见仍给出了"原则同意项目通过竣工环境保护验收"的结论。

部分项目"其他需要说明的事项"缺失或不符合要求。跟踪的 52 个项目中，部分水电项目"其他需要说明的事项"编制单位为验收调查报告编写单位，并非《建设项目竣工环境保护验收暂行办法》（以下简称《暂行办法》）规定的建设单位，主要内容遗漏其他环保对策措施落实情况。

2.4 验收调查报告内容不全面、重点不突出

部分受委托编制验收调查报告的机构技术力量薄弱，在竣工环境保护验收调查及报告编制中存在调查内容不完整、重点不突出等问题，造成验收调查报告质量不高。建设单位对《暂行办法》中相关内容的理解不到位，对相关技术规范不了解，导致对验收报告的质量把控不足。通过对 52 份水利水电建设项目竣工环境保护验收调查报告进行复核，发现以下问题。

2.4.1 工程调查不清楚

工程实际建设内容不清楚的问题较为普遍，约有 54%的项目实际建设内容调查或描述不清楚，如特征水位等关键参数未列出、运行调度方式未介绍或描述不清等；部分项目未结合工程特征、工程阶段开展调查，如部分水库项目验收调查报告未反映环评、初设及实施阶段工程特性指标变化情况及原因；部分项目工程变更及其合理性分析不完善，在验收调查中存在未识别工程变更是否属于重大变更，对工程变更的合规性、环境合理性分析不足，未调查工程变更后是否会导致环境保护目标的变化等问题。

2.4.2 生态环境保护措施落实情况调查重点不突出、缺乏数据支撑

部分项目未根据工程特征、工程阶段和环评要求把握调查重点，调查内容不全面，如生态流量实际泄放设施、泄放过程调查不清楚的问题较为普遍，部分引调水项目缺乏受水区水污染防治措施调查相关内容；部分验收调查报告对于措施落实情况仅做简单描述，缺乏设计资料、环境监理资料、施工资料以及现场照片等成果的支撑，如部分项目初期蓄水、运行初期生态流量泄放满足情况、"三废"措施具体实施情况缺乏数据支撑。部分项目环境监测不满足要求，未按照环评及批复要求开展运行期环境监测的问题较普遍，部分项目存在未开展施工期环境监测或监测点位及因子不满足标准要求的问题。

2.4.3 环境影响调查不充分

部分项目环境影响调查内容不全面。未开展工程建设前后水文情势影响调查分析的情形时常发生，部分灌区项目未开展退水对水环境的影响分析，部分涉及低温水影响的项目未对水温的实际影响进行调查分析；部分项目存在因监测点位或因子不足无法反映工程实施后地表水环境变化的问题，个别项目验收阶段较环评阶段地表水水质变差，未结合污染源调查等工作分析水质恶化原因；部分项目水生生态调查范围小，无法反映对减水河段的实际影响。

3 做好水利水电项目竣工环境保护自主验收的对策建议

3.1 国家层面，尽快完善相关技术规范为验收工作提供指导

结合《条例》《暂行办法》对建设项目竣工环境保护验收的新要求，亟须尽快组织修订《建设项目竣工环境保护验收调查技术规范 水利水电》（HJ 464—2009），进一步明确水利水电建设项目的验收程序、验收标准、验收自查要求、验收调查重点及相关技术要求，强化对行业环境保护验收工作的技术指导，推动建设项目环境保护"三同时"制度有效实施。

3.2 企业层面，压实各方责任、强化技术支持为验收工作提供保障

一是提高认识，压实各方责任、强化监督考核，保障验收工作顺利推进。进一步提高对水电行业环境保护工作的认识，将"生态优先"理念贯穿项目建设全过程，严格落实各项生态环保措施，为竣工环境保护验收的顺利开展筑牢工作基础。建议进一步深化对国家强化环评事中事后监管、加大违法惩戒力度的认识，切实压实各方责任、强化监督考核，保障验收工作顺利推进。

二是强化技术支持，切实提升竣工环境保护验收工作质量。为充分利用行业专业技术力量，强化对竣工环境保护验收工作的技术指导，建议为企业相关管理人员培训《条例》《暂行办法》等管理要求、水利水电建设项目验收程序、现场检查及审查工作内容、重点难点问题，切实提升验收工作质量，降低环境违法风险。

3.3 项目层面，抓住关键环节推动验收工作有序开展

一是合理制订工作计划，确保项目验收程序合规。根据《暂行办法》中对验收程序的要求，制订合理的工作计划，及时组织开展竣工环境保护验收工作，严格遵守验收期限要求；严格按照要求完成验收报告，应包含验收调查报告、验收意见和其他需要说明的事项

3 项内容。及时公开项目环境保护设施的竣工日期，严格落实验收报告公示时间要求；验收公示期满后 5 个工作日内登录自验平台填报相关信息。

二是及时开展验收自查奠定验收工作基础。结合项目环评文件及审批文件要求，对项目建设情况、环境保护设施建设及措施落实情况进行自查，如果发现未落实环境影响评价文件及批复要求的，应及时整改。自查发现项目建设过程中发生重大变动的，建设单位应及时依法依规履行相应手续。

三是分阶段、分类别把握竣工环境保护验收的内容和重点。调查工程实际建设情况，核实工程开发任务、内容、规模等与环评文件及批复的一致性，涉及工程变更的应调查工程变更情况及其环境合理性。重点关注项目影响范围内的重要环境敏感目标与环境影响评价阶段的变化情况及受工程影响情况等；涉及工程变更的，调查工程变更后是否导致环境敏感目标的变化。重点关注环境影响评价文件及审批文件中提出的生态流量泄放措施、下泄低温水减缓措施、栖息地保护、过鱼设施、增殖放流等环境保护措施落实情况及其效果。

4 结语

为贯彻落实国家"放管服"改革要求，建设项目竣工环境保护验收已调整为建设单位自主进行。对照新的验收要求，本文分析了竣工环境保护自主验收面临的形势，结合自验平台中水利水电项目竣工环境保护自验相关数据分析和典型案例跟踪，深入剖析了水利水电项目竣工环境保护验收过程中容易出现的问题，并针对性地提出对策建议，为不断完善水利水电项目竣工环境保护自主验收管理提供支撑，也为建设单位开展验收、生态环境部门实施监督检查提供参考。

参考文献

[1] 周鹏，郎兴华，陶元，等. 建设项目竣工环境保护验收实践与建议[J]. 环境影响评价，2022，44（4）：48-53.

[2] 夏青，尤洋，冯亚玲，等. 建设项目竣工环境保护验收成效与突出问题研析[J]. 环境影响评价，2021，43（1）：13-16.

[3] 邱立莉，敬红，唐敏，等. 对建设项目竣工环境保护验收监测的若干思考和建议[J]. 中国环境监测，2019，35（3）：49-52.

[4] 吕巍，蒋欣慰，詹存卫. 如何完善我国水利水电行业竣工环保验收[J]. 环境保护，2014，42（Z1）：66-68.

[5] 兰娉婷. 水利水电建设项目环境影响评价重点及环保措施[J]. 工程技术研究，2021，6（12）：245-246.

"双碳"目标下水风光互补的环境影响与制约研究

金 弈 董磊华

（中国电建集团北京勘测设计研究院有限公司，北京 100024）

摘 要：针对"双碳"目标，研究提出了中国电力装机中长期规模将达到 35 亿 kW 左右，新增电力装机主要由风电、光伏和抽水蓄能电站组成。抽水蓄能电站在水风光互补中起到的作用和调节能力要大于常规水电。常规水电进行水风光互补要改变电站的运行方式，可能会对生态流量和生态调度产生较大影响。抽水蓄能电站进行水风光互补的环境影响较小，但建设会受到环境敏感区和建设用地的制约，可以通过选择新型站点、发展新型技术来解决。

关键词：碳达峰；碳中和；水风光互补；环境影响；环境制约

2020 年 9 月，习近平主席在第七十五届联合国大会一般性辩论上宣布，中国将采取更加有力的政策和措施，二氧化碳排放力争于 2030 年前达到峰值，努力争取 2060 年前实现碳中和。"双碳"目标事关中国崛起和中华民族伟大复兴，是中国对构建人类命运共同体的重要贡献[1]。2019 年，全国电力碳排放 42.27 亿 t，占全社会碳排放总量的 43%。电力行业的脱碳将至关重要。"双碳"目标将促进中国的能源转型。

1 "双碳"目标下新能源的发展预测

1.1 中国电力装机现状

2020 年度全国电力统计数据见表 1，新能源（风电+光伏）发电量占比不到 10%。

表 1　2020 年度全国电力统计数据

序号	项目	装机统计		发电量统计		发电设备年利用小时数/h
		装机/亿 kW	占比/%	发电量/（亿 kW·h）	占比/%	
1	合计	22.01	100.0	76 233	100.0	
2	火电	12.45	56.6	51 743	67.9	3 758
3	水电	3.7	16.8	13 552	17.8	3 827
	其中：抽水蓄能电站	0.32	1.48			
4	风电	2.82	12.8	4 665	6.1	2 083
	其中：海上风电	0.09	0.41			
5	光伏	2.53	11.5	2 611	3.4	
	其中：分布式光伏	0.78	3.56			
6	核电	0.5	2.3	3 662	4.8	7 453

1.2　中国电力装机预测

1.2.1　可再生能源的发展前景

1.2.1.1　可再生能源资源量及开发潜力

（1）常规水电。

中国 0.5 MW 以上的水电站技术可开发装机容量为 5.98 亿 kW，经济可开发容量为 4.02 亿 kW。目前，我国常规水电已建和在建常规水电装机容量为 3.8 亿 kW。中国未开发的常规水电资源主要在西藏自治区，其中雅鲁藏布江下游水电开发已纳入《中华人民共和国国民经济和社会发展第十四个五年规划和 2035 年远景目标纲要》。

（2）抽水蓄能。

2021 年 8 月发布的《抽水蓄能中长期发展规划（2021—2035 年）》中提出，"中长期规划布局重点实施项目 340 个，总装机容量约 4.21 亿千瓦""本次中长期规划提出抽水蓄能储备项目 247 个，总装机规模约 3.05 亿千瓦"。

（3）风电。

以年平均风功率密度大于或等于 150 W/m² 为判别标准，全国 70 m 高度层的陆上风能资源技术可开发量为 75.5 亿 kW，主要分布在东北、华北、西北地区，其中内蒙古和新疆两地共占全国的一半以上。中国近海风能资源丰富，水深在 5～25 m 的风电资源技术可开发量约 1.9 亿 kW，水深在 25～50 m 的风电资源技术可开发量约 3.2 亿 kW。

（4）太阳能发电。

全国年水平面总辐照量大于 1 000 kW·h/m² 的太阳能资源技术可开发量为 1 362 亿 kW，主要分布在东北、华北、西北地区，其中新疆和内蒙古两地共占全国的一半以上。

1.2.1.2 经济指标

《国家发展改革委关于 2021 年新能源上网电价政策有关事项的通知》(发改价格〔2021〕833 号)明确指出,2021 年起,对新备案集中式光伏电站、工商业分布式光伏项目和新核准陆上风电项目,中央财政不再补贴,实行平价上网。依托技术驱动,近 10 年来陆上风电和光伏发电项目单位千瓦平均造价分别下降约 30%和 75%,风电和光伏发电的成本和电价在未来还有进一步降低的空间。

在水电方面,西藏地区水电开发成本较高,雅砻江中游梯级水电电价均已高于火电电价。《国家发展改革委关于进一步完善抽水蓄能价格形成机制的意见》(发改价格〔2021〕633 号)解决了抽水蓄能电站电价问题,为加快抽水蓄能电站发展创造了条件。

1.2.2 中长期预测

为实现我国承诺的 2030 年非化石能源消费比重达到 25%左右的目标,根据目前的经济社会发展预期和能源消费预测情况,测算 2030 年我国风电、光伏发电装机预计在 15 亿 kW 左右。

2021 年 8 月发布的《抽水蓄能中长期发展规划(2021—2035 年)》中提出,"到 2030 年,投产总规模 1.2 亿千瓦左右"。

2021—2035 年,风电、光伏增加 10 亿 kW,水电增加 2 亿 kW(常规 0.7 亿 kW+抽水蓄能 1.3 亿 kW),核电、生物质等其他能源增加 1 亿 kW,全国电力装机达到 35 亿 kW 是可以预见的。多方预测,2050 年中国电力装机将达到 50 亿 kW 以上。按 2021 年的发电量考虑,要替代火电发电量,需要新增风电 28.3 亿 kW 或光伏 52.9 亿 kW,平均为 40.6 亿 kW。

正常情况下,风电、太阳能发电是中国未来电力发展的主力,抽水蓄能电站将作为风电、太阳能发电的调节电源进行大规模建设。

2 水风光互补的方式及各方作用

2.1 水(抽蓄)风光互补的必要性

风电在不同季节发电量差距较大(冬天风大,夏天风小),夜间风力一般大于白天,风力弱时无法发电;光伏电站在夜间无法发电,发电量受到光照制约(阴雨天发电量小)并呈季节性(夏天日照时间长、冬天日照时间短)。风电和太阳能所具有的随机性、不确定性强及波动明显等特点,使其在接入电网时不可避免地出现弃风、弃光严重的现象,严重阻碍了风能、太阳能发电的发展[2]。为保证风电、光伏在电网中稳定供电并满足日用电量的峰谷需求,需要有调节电源和储能装置。水电站机组启动时间快,装机容量大,是对风电、光伏进行调节的最优选择。水（抽蓄）风光互补将成为实现"双碳"目标的电力主要发展形式。

2.2　水风光互补方式和规模分析

水风光互补包括新能源接入水电站和接入电网这两种方式[3]。对于风光接入水电站互补，即水风光一体化，可通过水电灵活调节风光出力，形成优质稳定的打捆出力后接入电网，送出高质量的电能[4]；对于风光直接接入电网互补，需通过电网中的水电（抽蓄）等能源的调节。世界上已建的部分水风光互补工程见表 2。由表 2 可知，水风光互补工程中常规水电的调节效率（受调节的风电、光伏装机规模之和同调节电源装机规模之比）都小于 100%。

表 2　世界上已建的部分水风光互补工程[5]

序号	工程名称	装机规模	功能和特点
1	龙羊峡水光互补工程	水电 1 280 MW，光伏 320 MW（一期）＋530 MW（二期）	依托大型水库调节能力，可补偿光伏电站出力变化，提高互补电站的可调节能力
2	贵州省玉龙镇象鼻岭"水光互补"工程	水电 240 MW，光伏 48 MW	共用输电通道，节约工程投资；利用水电平滑光伏出力波动，得到稳定的水光互补发电曲线
3	青海玉树 2 MW 水光互补向电网发电示范项目	光伏 2 MW，水电 12.8 MW，储能 15.2 MW	光伏白天发电全部存储到蓄电池中，提升互补系统夜间发电能力
4	希腊 Ikaria 岛风光水微电网互补发电系统	水电 4.15 MW，光伏 1.04 MW，风电 4.54 MW，水泵 3 MW	提高可再生能源接入能力，满足高峰负荷需求
5	葡萄牙水光互补电站	水电 68 MW，光伏 220 kW	在水电站库区利用浮动太阳能板建设光伏电站，节约土地资源

关于雅砻江水风光互补的研究提出，7 个水电站共计 1 722 万 kW，可接入 1 266 万 kW 的新能源，包括 584 万 kW 的风电和 682 万 kW 的光伏[3]，水风光互补中常规水电的调节效率为 74%；关于金沙江流域水风光互补的研究提出，金沙江上游干流规划"一库十三级"的总装机容量 14 500 MW，金沙江下游干流合计装机规模 46 460 MW，初步预计金沙江上游光伏可开发规模约 35 000 MW，下游光伏、风电可开发规模约 15 000 MW[6]，水风光互补中常规水电的调节效率为 82%。

对单一的水电站来说，其可接入的风电和光伏规模与水电站本身的调节性能、互补系统送出通道容量、风光容量比例分配以及系统允许的弃风光率等相关；其中系统送出能力对系统送出通道容量最为敏感[7]。水风光一体化方式中，输电通道容量按常规水电规模确定的，风电、光伏互补规模将会受到限制，使水风光互补中常规水电的调节效率小于 100%；输电通道容量按风电、光伏规模确定的，进行水风光互补的抽水蓄能电站调节效率大于100%，一般会达到 400%～500%，甚至更高。

从互补的效果来看，抽水蓄能电站在水风光互补中起到主要调节作用。主要原因是，蓄能电站离风电、光伏基地更近,能在风电、光伏不发电时进行发电,能在用电高峰期风电、光伏发电不够用时进行调峰发电,与常规水电相比多出了非常重要的功能——在用电低谷时能将风电、光伏的多余电量进行抽水蓄(储)能,而减少"弃风、弃光"。蓄能可以专职调节风电、光伏,可以满足电网随时调度需求。已建常规水电的开发任务一般不包括调节风电、光伏,没有相应的调节库容和水资源量用于水风光。

抽水蓄能电站属于资源节约型的循环经济实体,实质为抽水、发电循环运行系统,抽水、发电用水每天在上水库(调节库容一般小于 1 000 万 m³)、下水库之间循环往复(而常规水电的发电水流是单向不循环的),只需补充蒸发、渗漏的水量(每年 200 万 m³ 左右),抽水、发电用水重复利用率能达到 99.95%以上;发出相等的电量,抽水蓄能电站单位发电量的新水消耗量只是常规水电的 1/10 000 左右。常规水电发电水流单向不循环的性质,决定了其调节库容和水资源量是远不能满足水风光互补需求的。

2.3 抽水蓄能电站在实现"双碳"目标中的作用与定位

常规水电大部分建在西南山区,与我国风电(主要分布在"三北"和沿海地区)、光伏(北方)大规模建设地区相距较远,能够开展水风光互补的常规水电装机在国内已建、未建的水电装机规模中占比较小,能调节风电、光伏的总体规模较小,远不能满足"双碳"目标下风电、光伏大规模发展的需求。在实现碳中和时,将可能建成 40 亿 kW 甚至更大规模的风电、光伏,只能靠抽水蓄能电站为主的调节电源。

《抽水蓄能中长期发展规划(2021—2035 年)》中明确指出,"实现碳达峰、碳中和目标,构建以新能源为主体的新型电力系统,是党中央、国务院作出的重大决策部署。当前,正处于能源绿色低碳转型发展的关键时期,风、光等新能源大规模高比例发展,新型电力系统对调节电源的需求更加迫切。结合我国能源资源禀赋条件等,抽水蓄能电站是当前及未来一段时期满足电力系统调节需求的关键方式,对保障电力系统安全、促进新能源大规模发展和消纳利用具有重要作用,抽水蓄能发展空间较大""到 2030 年风电、太阳能发电总装机容量 12 亿千瓦以上,大规模的新能源并网迫切需要大量调节电源提供优质的辅助服务,构建以新能源为主体的新型电力系统对抽水蓄能发展提出更高要求"。

3 水风光互补的环境影响研究

3.1 常规水电进行风光互补的环境影响

常规水电已建成的规模大,原开发任务中基本没有调节风电光伏的任务。水风光互补,将会改变常规水电的运行方式,从而带来环境影响的改变。

水风光互补运行后，水电站日内水库调度运行方式将发生较大改变[3]。龙羊峡水光互补工程实践证明，水光互补协调运行能够调节光伏电站的有功出力，可提高水电的调峰能力（一期互补光伏 320 MW 在上午 11：00 出力，平均提高水电调峰容量 10%），龙羊峡水电站送出线路年利用小时可由原来设计的 4 621 h 提高到 5 019 h，增加了电网的经济效益，拉西瓦水电站日发电过程和出库流量过程基本不变[8]。一期互补光伏 320 MW，遇光伏发电最不利情况时，需要龙羊峡水电站的调节库容 500 万 m^3 进行蓄水或放水，占龙羊峡水电站调节库容 193.5 亿 m^3 的比例很小，龙羊峡水库水位波动约 1.8 cm，占龙羊峡水电站平均水头 133 m 的 0.01%。龙羊峡水电站下游为拉西瓦水电站，平均水头约为 210 m，调节库容为 1.5 亿 m^3，水光互补运行模式需要拉西瓦水电站反调节库容 500 万 m^3，相应拉西瓦水库水位消落 0.4 m，电站平均水头减小约 0.2 m，拉西瓦水电站的发电量仅减少 0.1%，影响较小[9]。

当前，国内外对于水风光互补运行对多个梯级水库协调运行的研究相对较少，也缺乏系统性的论证与研究[2]。雅砻江各梯级电站，水风光互补运行后会改变上下游梯级的入库、出库流量过程，对各梯级电站和水库日内调度运行产生较大影响。各个梯级组合之间可能会出现水库无法协调运行而导致弃水的情况[3]。可以制订相应的协调运行规则，如下游梯级与上游梯级同步发电运行、控制上游梯级调峰时间等，对梯级之间调度运行加以一定的约束，使各梯级电站能够充分利用自身的调节库容，做到水风光互补后，水库协调运行不弃水[3]。协调运行后，梯级电站高峰时间减少，下泄的低流量及基荷发电增加。

常规水电站开展水风光互补，会改变运行方式，可能会对水文情势、生态流量和生态调度产生较大影响。枯水期来水比较少，生态流量很多是通过水电机组作为基荷发电来泄放，如果风电和光伏发电时水电机组不发电，又没有其他生态流量泄放设施，生态流量泄放将会受到影响。到了鱼类产卵期，有些水电站的生态流量泄放要求按坝址天然来流量泄流，有些水电站要求制造人造洪峰；水风光互补可能会影响产卵期的生态流量，影响鱼类产卵繁殖。水风光互补的运行调度，可能会对生态调度产生较大影响。

因此，应针对常规水电站水风光互补的进展，及早深入研究其对环境的影响，尤其是运行方式的改变对生态流量及生态调度的影响，及早提出对策措施。对已建梯级水电站，如增加水风光互补任务，必要时应开展相应的环境影响评价（水电梯级的环境影响后评价）工作。

3.2 抽水蓄能电站进行风光互补的环境影响

抽水蓄能电站主要对地表水、生态产生不利影响，有些项目还会涉及环境敏感区（自然保护区、风景名胜区、森林公园等）、重要的专项（如电视差转台、气象台、地震台）。对水资源和水文情势的影响包括初期蓄水期、运行期的影响。抽水蓄能电站通常都建在多年平均流量小于 1 m^3/s 的河流上，通常不涉及珍稀鱼类保护问题。

抽水蓄能电站参与水风光互补后，运行方式同调峰填谷会有所变化；承担调峰填谷功能时，抽水蓄能电站通常在夜间用电低谷时抽水蓄能，在白天用电高峰时放水发电，每天运行 12 h 左右；承担水风光互补功能后，抽水及发电时间均有一定程度的延长，白天风力强劲、日照充足时也可以抽水，每天可以有多个时段灵活抽水或者发电。抽水蓄能机组长时间高强度满负荷运行逐渐成为常态，在保障大电网安全、促进新能源消纳、提升系统性能中发挥着重要作用。抽水蓄能电站运行期年补水量很少，很多上库、下库封闭运行，每天增加运行时间并不会产生更大的环境影响。另外，各个抽水蓄能电站站址之间相距较远，运行期不会产生梯级水电站运行时的累积环境影响。

2022 年 12 月 29 日，雅砻江两河口混合式抽水蓄能电站正式开工建设。混合式抽水蓄能电站（上水库的水能利用布置了常规水电机组）的环境影响，主要是运行方式改变对水文情势的影响，相应可能会对生态流量泄放、生态调度措施及效果产生影响，甚至会对鱼类上溯行为及过鱼设施运行效果产生影响。

3.3 风电和光伏在水风光互补中的环境影响

风电、光伏还需要新建较多，在水风光互补中属于被调节对象，自身的运行方式改变不大，由运行方式改变而新增的环境影响较少。

陆上风电场一般在选址时即考虑避让重要环境敏感目标，施工期山地风电场生态影响较大，营运期主要环境影响为对鸟类的影响、噪声影响和电磁影响。海上风电场一般比陆上风电场环境影响大，在选址时即考虑避让重要环境敏感目标，主要环境影响为对海洋水文动力和冲淤环境、海水水质和沉积物、海洋生态的影响，水下噪声对海洋动物的影响，对鸟类的影响及对海洋开发活动的影响。

光伏发电的环境影响主要在施工期。总体来看，光伏电站建设和运营期对环境的影响不大。

4 水风光互补工程的环境制约

主要针对未建的可再生能源工程进行环境制约分析。

4.1 主要的环境制约研究

4.1.1 环境敏感区制约

由于风电、光伏选址较为灵活，抽水蓄能建设首先要满足地形条件，满足地形条件的站址有限，很多满足地形条件的站址都受到环境敏感区和生态红线的制约。《抽水蓄能中长期发展规划（2021—2035 年）》中提出的重点实施项目都是不受环境敏感区和生态红线制约的项目，而储备项目多为受到生态环境制约的项目。

4.1.2　建设用地制约

根据各省（区、市）上报的规划方案，预计"十四五"期间风电、光伏新增用地规模为786.72万亩[①]，新增用海规模为82万亩。我国现有陆上风电3.2亿kW用地面积13.7万km²，占全国陆地总面积的1.43%，2060年我国风电装机可能要达到30亿kW。一个装机100万kW的抽水蓄能电站建设征地按3 000亩考虑，1亿kW装机规模的抽水蓄能电站就需要永久征地30万亩。这些建设用地指标和土地资源的限制，也会制约风电、光伏、抽水蓄能的发展。

4.2　环境制约的解决办法

根据新发展趋势，可以考虑以下环境制约解决办法。

（1）选择新型站点。

列入《抽水蓄能中长期发展规划（2021—2035年）》中抽水蓄能规划"十四五"重点实施项目中的阜新（装机120万kW）是利用阜新海州露天矿综合治理建设，西露天（装机60万kW）是利用抚顺西露天矿综合治理建设，徐水（装机60万kW）是利用雄安新区骨料开挖矿坑建设。全国需要治理的矿坑数量逾万，若能选出100个装机100万kW的站址，可新增装机1亿kW。结合矿坑的综合治理和生态修复来建设抽水蓄能电站，既避让了环境敏感区，又实现了资源化利用。

建设分布式能源，太阳能可以在屋顶上进行发电。采用太阳能薄膜，可以在建筑物外墙、汽车、服装上进行发电。还可以在沙漠、戈壁、荒漠地带建设光伏、风电。

（2）发展新型能源技术。

风电、太阳能发电应鼓励分布式能源技术发展；鼓励太阳能薄膜发电技术；鼓励不断加大风电机组的单机容量；鼓励结合矿坑环境治理、生态修复建设抽水蓄能电站技术；在沙漠、戈壁、荒漠地带建设风电、光伏的治沙及生态修复技术。上述新技术均可减少建设占地。

5　结论

综上所述，可以得出以下结论：

（1）"双碳"目标将促进和加快我国的能源转型。中国电力装机中长期规模将达到35亿kW左右，新增电力装机主要由风电、光伏和抽水蓄能电站组成。

---

① 1 亩=1/15 hm²。

（2）风电、光伏发电的随机性和波动性较大，亟须有储能装置或调节电源进行调节。抽水蓄能是当前及未来一段时期内最重要的贮能装置及调节电源。

（3）常规水电进行水风光互补要改变电站的运行方式，可能会对生态流量和生态调度产生较大影响。抽水蓄能电站承担水风光互补任务后，将会加大抽水及发电时间，一般不会造成更大的环境影响，但混合式抽水蓄能电站环境影响较为复杂。风电、光伏在水风光互补中属于被调节对象，自身的运行方式改变不大，由于运行方式改变而新增的环境影响较小。

（4）为实现"双碳"目标待建的风电、光伏和抽水蓄能电站，将受到环境敏感区和建设用地的制约，可以通过选择新型站点、发展新型能源技术来解决。

参考文献

[1] 卢纯. 开启我国能源体系重大变革和清洁可再生能源创新发展新时代——深刻理解碳达峰、碳中和目标的重大历史意义[J]. 人民论坛·学术前沿，2021，222（14）：28-41.

[2] 张盛炜. 风-光热-水电联合系统优化调度[D]. 西安：西安理工大学，2019.

[3] 何思聪. 雅砻江水风光互补与梯级水库协调运行研究[J]. 四川水力发电，2021，40（3）：130-137.

[4] 郭怿. 黄河上游水风光储多能互补短期优化调度研究[D]. 西安：西安理工大学，2020.

[5] 韩晓言，丁理杰，陈刚，等. 梯级水光蓄互补联合发电关键技术与研究展望[J]. 电工技术学报，2020，35（13）：2711-2722.

[6] 郭飞，冯士睿，刘强，等. 浅谈水风光一体化在金沙江流域的典型应用[J]. 四川电力技术，2021，44（4）：67-71.

[7] 朱燕梅，陈仕军，黄炜斌，等. 水风光互补发电系统送出能力分析[J]. 水力发电，2018，44（12）：100-104.

[8] 康本贤. 龙羊峡水光互补协调运行研究综述[J]. 西北水电，2020（1）：23-26.

[9] 张婷，杨婷. 龙羊峡水光互补运行机制的研究[J]. 华北水利水电大学学报（自然科学版），2015，36（3）：76-81.

水、风、光多能互补助力"双碳"目标实现

李 奇 [1,2]　张乃畅 [1,2]　寇晓梅 [1,2]　牛 乐 [1,2]

（1. 中国电建集团西北勘测设计院有限公司，西安 710065；

2. 国家水能风能研究中心西北分中心，西安 710065）

摘　要：风电、太阳能发电等非化石能源的发展是推进能源清洁低碳转型的关键。我国新能源在"十三五"时期发展成效显著，"十四五"时期增长速度依旧很快，将成为我国新增能源供给的主力军。分析了我国水电、风电和光伏新能源的发展现状和存在的问题，研究了新能源在开发布局、存储消纳及水、风、光互补抽水蓄能等方面的发展趋势，通过水、风、光多能互补的大规模发展实现"双碳"目标。

关键词：应对气候变化；碳达峰；碳中和；新能源；优化布局；抽水蓄能

随着全球能源危机与环境污染等问题的日益加剧，新能源的出现和应用开始受到世界各国的关注，持续开发利用新能源是确保人类可持续发展的关键举措之一[1]。当前，全球能源转型进程显著加快。世界各国在《巴黎协定》的共同目标之下，不懈努力推进能源低碳化。中国是世界人口最多的国家，也是世界最大的碳排放国。能源是关系国家经济社会发展的全局性、战略性问题，对国家繁荣发展、人民生活改善、社会长治久安至关重要。应对气候变化成为我国基本实现社会主义现代化的最大挑战，但同时也成为我国基本实现绿色工业化、城镇化、农业农村现代化的最大机遇。因此，如何平衡能源供给与清洁低碳转型，是我们正面临的新形势、新挑战。为应对全球气候变化，2020 年 9 月，习近平主席在第七十五届联合国大会一般性辩论上郑重宣布："二氧化碳排放力争于 2030 年前达到峰值，努力争取 2060 年前实现碳中和。"这一目标的实现必须充分利用我国水、风、光资源丰富的禀赋条件，构建清洁低碳、安全高效的现代能源体系和以新能源为主体的新型电力系统。同年 12 月，习近平主席在气候雄心峰会上宣布，到 2030 年，中国非化石能源占一次能源消费比重将达到 25%左右，风电、太阳能发电总装机容量将达到 12 亿千瓦以上。

我国风、光新能源发电持续高速发展，装机和并网势头强劲，但是风、光新能源具有波动性、随机性和间歇性的特点，需要依赖调节性电源来平抑风光波动，保证风光电源的安全并网[2]。电力是目前能源利用的基本形式，把握水风光电源的多维发电特性及多能源之间的互补规律，对于优化配置调节性电源，促进新型电力系统的健康发展意义重大[3-4]。因此，为风电、光电新能源系统引入大规模经济高效的储能单元，形成互补发电系统并研究互补发电系统中储能系统最合适的容量是十分必要的。

1 中国可再生能源及风、光新能源产业发展现状

据《中国可再生能源发展报告（2022）》，2022 年中国可再生能源发电装机突破 12 亿 kW，占全部发电装机容量的 47.3%，较 2021 年提高 2.5 个百分点。2022 年全年新增可再生能源发电装机 1.52 亿 kW，占国内新增发电装机的 76.2%，特别是风电和光伏发电分别新增装机 3 763 万 kW 和 8 741 万 kW，创历史新高。中国可再生能源的大规模发展，有力促进了风电、光伏发电等技术进步、产业升级、成本降低，可再生能源快速成为中国新增主力能源，在保障能源供应方面发挥的作用越来越明显。

1.1 水力发电

水力发电在清洁能源转型中发挥着关键作用，可产生大量的低碳电力，具有调节性能的水电站配合新能源运行，还有一定储电能力。与核能、煤炭和天然气等发电厂相比，水电站不仅具有适应电力系统快速调节的能力，还可配合风能和太阳能发电运行，为多能互补奠定了基础。

从水电资源禀赋来看，中国水电技术可开发量为 6.87 亿 kW，位列世界之冠。截至 2022 年年底，已建装机容量 36 771 万 kW，在建规模约 2 700 万 kW，主要集中在西南和西北地区。2022 年度，我国常规水电新增投产 1 507 万 kW，水电装机容量呈逐年递增趋势，区域差异性仍然显著。

我国抽水蓄能已建和在建电站装机容量居世界第一，已建投产总规模 4 579 万 kW，2022 年新增投产 880 万 kW，但抽水蓄能占电力总装机比重仅为 1.4%，与发达国家相比仍有较大差距。国家能源局 2021 年 8 月发布的《抽水蓄能中长期发展规划（2021—2035 年）》提出，到 2025 年，抽水蓄能投产总规模 6 200 万 kW 以上，到 2030 年，投产总规模 1.2 亿 kW 左右。结合我国能源资源禀赋条件等，抽水蓄能电站是当前及未来一段时期满足电力系统调节需求的关键方式，对保障电力系统安全、促进新能源大规模发展和消纳利用具有重要作用。

1.2 光伏发电

太阳能是一种清洁的可再生能源，因其无限性、广泛可用性，正逐步成为重要的替代能源。然而，光伏发电具有随机性、波动性、间歇性的特点，发电量和电能质量受多种因素影响，规模化发展后的消纳等，是电力系统面临的全新挑战。

目前，我国太阳能发电总装机 39 261 万 kW，同比增长 28.6%。2022 年，太阳能发电新增装机 8 741 万 kW，装机容量呈逐年递增趋势，且主要集中分布在我国西部地区。东中部地区为太阳能产业链发展的重要区域。

1.3 风力发电

在碳减排的大背景下，风能资源已成为世界能源体系的重要组成部分[5]。近年来，我国风电行业通过技术进步、产业升级、成本降低，支持和促进了风电大规模发展。

我国幅员面积广阔，陆上风能资源十分丰富。我国西部地区每年风速在 3 m/s 以上的时间接近 4 000 h，一些地区的年平均风速甚至达到了 6 m/s 以上，风能资源开发利用价值高[6]。

我国风能储量 32 亿 kW，可开发装机容量约 25.3 亿 kW，具备良好的商业化、规模化前景。截至 2022 年年底，我国风电累计装机 36 544 万 kW，同比增长 11.5%。2022 年，新增风电并网装机 3 763 万 kW，其中陆上风电新增 3 258 万 kW，海上风电新增 505 万 kW。

2 风、光新能源产业发展中存在的问题

2.1 直接以风、光新能源为主体的新型电力系统电力安全保障差

风电、光电的随机性和间歇性、低同时率（60% 左右）、低发电利用小时数（2 000 h 以下），造成风电、光电输出功率频繁波动且幅值较大，利用困难，造成弃风、弃光。受其自然特性影响，光电在用电负荷晚高峰时段基本无有效容量；风电在用电负荷高峰时段可保证提供的出力十分有限，不足装机容量的 3%～5%。风光电站 10 min 之间出力大部分情况下变幅在 ±10% 以内，最大变幅可达 50%；风光电站分钟级出力 95% 情况下变幅在 5% 以内，最大变幅可达 30%，无法提供电力系统安全稳定转动惯量。使得风电、光电新能源难以直接成为新型电力系统安全电源。

2.2 规模存储调控技术研发难以跟上发展要求

风电、光电等新能源发电出力的间歇性与电能供需的实时平衡特征存在内在的矛盾，需要一个大规模的经济高效的储能单元去调控，将风电、光电新能源变为稳定的优质电源

去利用。而现阶段风电、光电的储能主要依赖于化学储能，规模有限，存在经济性不高、寿命短的问题。大规模、经济高效的储能技术研发整体滞后，成为风电、光电新能源快速发展的重要阻碍。

2.3　资源分布不均衡造成发电消纳不匹配及电力外送建设滞后造成并网难

我国太阳能、风能资源丰富，但分布不均衡，主要集中在西部地区，且西部地区地广人稀，自身负荷需求有限，而大规模电力负荷需求却主要集中在东部地区[7]。西部地区新能源集中式开发规模大，大规模的电力外送前面临着网路布局及经济、技术等方面的多重挑战。

我国风、光新能源在一定时期内弃风、弃光仍比较严重。根据国家能源局发布的风电、光电并网数据：2020 年，全国平均弃风率 3%，较 2019 年同比下降 1 个百分点，尤其是新疆、甘肃、蒙西，弃风率同比显著下降；2020 年，全国平均弃光率 2%，与 2019 年同期基本持平，西北地区弃光率降至 4.8%，尤其是新疆、甘肃弃光率进一步下降。弃风、弃光现象给社会经济发展和环境保护造成了严重影响，造成风电、光电经济投资收益受损，同时间接表明能源结构中不可再生能源占比较大，排放污染物增多，环境压力增加[8]。

我国西南和西北地区有优质丰富的风、光新能源，不仅能满足本地区生产生活的需要，还可以为其他地区提供绿色电力。但远距离特高压输电成本昂贵，尤其在线路利用率水平偏低时，特高压电量难以与负荷侧的本地电量竞争；已建特高压项目采用定功率方式运行，因此西南、西北地区送电端的可再生能源无法独立完成送电任务，需要搭配其他电源实现外送[9]。为加快新能源电力产业发展，政府亟须加快新能源电力跨区域配套设施的建设以及制定合理的消纳机制，挖掘系统调峰能力，建设抽水蓄能等调节电源，提高风电、光电利用率，发挥抽水蓄能电站储能调峰等作用，最大限度减少弃电现象。

3　水、风、光可再生能源发展新趋势

为大力实施"双碳"行动，加速能源绿色低碳转型，水电、风电、太阳能发电等可再生能源将在能源转型中发挥支柱引领作用。由于风电、光伏发电出力具有随机波动性，与电力系统用电负荷特性呈现较大差异，对电网调峰能力提出较高要求[10]。2021 年 4 月，国家能源局发布了《国家能源局综合司关于报送"十四五"电力源网荷储一体化和多能互补发展工作方案通知》。文件鼓励充分发挥流域梯级水电站、具有较强调节性能水电站、储热型光热电站、储能设施的调节能力，汇集新能源电力，积极推动"风光水（储）"一体化。因此，优化布局我国新能源产业格局，依托常规水电、抽水蓄能电站打造调蓄中心，发挥水电调节能力强、响应速度快的特点，将风、光新能源发电变为优质电源，实现电力

系统电力安全运行，加速构建以新能源为主体的新型电力系统，推动"双碳"目标实现，将是今后风、光新能源发展的新趋势。

3.1　优化布局促进规模化发展

根据研究预测，如我国要如期实现碳中和，2050 年我国的风、光装机必须要超过50 亿 kW。预计 2060 年，我国风电、光伏等新能源装机占比将接近 80%，发电量占比将达到 65%，成为主力电源，由此可见，风电和太阳能发电必须实现跨越式发展才能实现2060 年碳中和目标。

我国"三北"地区风光资源储量丰富，发展空间大，区域内风能、太阳能可开发量在10 亿 kW 以上，其中风能技术可开发量 3 亿 kW，占全国的 30%，太阳能技术可开发量7 亿 kW 以上，占全国的 60%，适于大规模集中开发。西南和西北地区创新采用"风电+光伏+水电"联合开发模式，依托金沙江、澜沧江、大渡河、黄河上游及其支流等河流水电调节能力，充分挖掘沿海地区经济发展速率快、对电能需求量较高的特点，明确新能源消纳市场，增加通道输送及其能力，适时启动水-风-光互补基地的综合开发，促进新能源规模化开发。

3.2　构建以风、光新能源为主体的新型电力系统

构建清洁低碳、安全高效的以新能源为主体的新型电力系统，是推动能源清洁低碳转型、助力碳达峰和碳中和的迫切需要，将根本性地解决我国能源供给问题。到 2060 年，我国风光发电量占比将达到 65%，其内涵不仅包括新能源发电机组发电容量增加，还包括对于新能源发电的系统化消纳能力。

"十四五"期间，构建新型电力系统需要保障电力安全，大力支持新能源发展，构建以风电、光伏新能源电源汇集、送出消纳为主要功能和目的的特高压大电网，对外送电源配置规模、送电形式、送电曲线、输电通道等方面需加快开展研究，推进内蒙古、甘肃、青海、新疆、西藏等区域风光大基地建设，提高外送新能源电量比重；持续完善智能电网建设，更加重视智能配电网建设，加快跨省、跨区域的电力通道建设，发挥大电网综合平衡的能力；在新型电力系统中，要逐步实现清洁能源对化石能源的替代，以电力体制改革为动力，推动新型电力系统建设。

3.3　加快推动抽水蓄能等储能单元发展

无论是在发电侧、电网侧还是用户侧，大规模经济高效的储能是风、光新能源电量利用前提条件。2021 年 7 月，《国家发展改革委 国家能源局关于加快推动新型储能发展的指导意见》肯定了储能对于电力系统的容量支撑与调峰能力、应急供电保障能力和延缓输变

电升级改造需求的能力。

在诸多调节电源和储能品种中，抽水蓄能具有技术成熟、规模大、寿命期长、绿色环保等特点，在推动以风、光新能源为主体的新型电力系统发展中将发挥至关重要的作用[11-12]。从未来市场空间来看，电力系统对抽水蓄能、新型储能等需求巨大。预计到 2035 年，伴随新能源大规模发展，我国电力系统最大峰谷差将超过 10 亿 kW，电力系统对灵活调节电源需求巨大。以风、光新能源为主体的新型电力系统的构建，有利于探索"新能源+抽蓄"的模式价值机理和效益实现形式，为抽水蓄能电站参与电力市场竞争提供有利条件和空间。

2021 年 9 月，国家能源局发布了《抽水蓄能中长期发展规划（2021—2035 年）》（以下简称《规划》）。《规划》指出，当前我国正处于能源绿色低碳转型发展的关键时期，风、光等新能源大规模高比例发展，对调节电源的需求更加迫切，构建以新能源为主体的新型电力系统对抽水蓄能发展提出更高要求。到 2025 年，抽水蓄能投产总规模较"十三五"时期翻一番，达到 6 200 万 kW 以上；到 2030 年，抽水蓄能投产总规模较"十四五"时期再翻一番，达到 1.2 亿 kW 左右。预计实现风、光新能源电量 0.24 万亿 kW·h 以上电量的送出及储存转换，年可节约标准煤约 7 680 万 t。

3.4　依托常规水电建设打造水、风、光一体化多能互补清洁能源枢纽基地

目前，我国已建成十四大水电基地，形成了世界最大规模的流域梯级水电站群。风能水能结合发电、太阳能水能结合发电的方式可以使其优势互补，拓宽各自的发展空间，使得能源利用率以及带来的经济效益实现最大化[13]。在水力资源丰富的西南和西北地区，依托已建或规划的具有较大调节能力的水电站水库，进行扩机或储能工厂建设，安装抽水泵或可逆式机组抽水蓄能，达到储能调峰效果，形成以水电资源为中心的水、风、光一体化可再生能源发电系统，以水电为先导带动水、风、光互补开发，打造水、风、光一体化多能互补清洁能源基地，快速实现电力生产的清洁化、生态化、低成本化，再用廉价的电力推动能源电力化，从而加速实现碳中和[12]。

以黄河上游已建的龙羊峡水电站、规划的茨哈峡水电站为例，其装机和规划装机分别为 128 万 kW、420 万 kW，年发电量分别为 60 亿 kW·h、90 亿 kW·h，每年可节约标准煤约 186 万 t、279 万 t；考虑水、风、光多能互补后，可带动新能源约 7 300 万 kW，可实现送出电量 610 亿 kW·h、740 亿 kW·h；每年可节约标准煤约 1 891 万 t、2 294 万 t；可更好地助力构建以新能源为主体的新型电力系统，推动"双碳"目标实现。

4 结语

水电作为目前电力系统中技术最成熟的清洁能源，具有灵活的调节能力和稳定的供电质量，水、风、光多能互补发电是解决目前风电和光伏发电发展问题的有效途径。如何解决这一巨大灵活性需求，是中国未来实现碳中和的关键问题之一。

风电和太阳能发电技术将为实现碳中和目标起到扭转乾坤的作用，不仅要为尽早实现碳达峰出力，还要为达峰之后的能源消费增量以及替代化石燃料的存量贡献力量。大力发展风电、光伏发电项目，成为我国资源有效开发并利用的重要发展方针。因地制宜地建设抽水蓄能电站，将暂时无法利用的风、光电能储存起来，在需要的时候输送出去，将大幅度地提高我国风、光新能源发电的规模和利用水平[13]。

抽水蓄能电站对于支撑新型电力系统建设、流域"水风光"一体化清洁能源基地和"沙戈荒"风光蓄大型基地、规模化拉动经济发展和促进乡村振兴等方面发挥着重要作用。水、风、光一体化建设是一个系统工程，在新能源大规模接入的背景下，储能的灵活性、调节性更加突出。因此，要汇聚储能产业链各方面的力量，深化技术创新，在发展风-光-水储能的同时，大力发展电化学储能，保障我国新能源电力早日实现经济、安全运行，为其更好更快地融入电力系统创造有利条件。

参考文献

[1] 李存斌，董佳. 中国风力发电绩效的区域差异及空间计量分析[J]. 中国电力，2022，55（3）：167-176.

[2] 戴嘉彤，董海鹰. 基于抽水蓄能电站的风光互补发电系统容量优化研究[J]. 电网与清洁能源，2019，35（6）：76-82.

[3] 薛鹏鸣. 电力系统中新能源发电的应用研究[J]. 中国战略新兴产业，2018（36）：20.

[4] Mohsen Vahidzadeh，Corey D Markfort. Modified power curves for prediction of power output of wind farms[J]. Energies，2019，12（9）：1805.

[5] 张宁，康重庆，肖晋宇，等. 风电容量可信度研究综述与展望[J]. 中国电机工程学报，2015，35（1）：82-94.

[6] 乐威. 新能源背景下我国风力发电现状和未来发展方向探索[J]. 绿色环保建材，2020（11）：165-166.

[7] 郭子珣，曹雅妃. 中国可再生能源东中西部差异化发展现状研究[J]. 现代商贸工业，2021，42（10）：11-12.

[8] 师楠. 含 CO_2 排放和成本的多火电与风-水电的优化调度[J]. 黑龙江科技大学学报，2017，27（3）：275-280.

[9] 葛维春. 电网非常规调峰与弃风协调调度方法[J]. 太阳能学报，2019，40（11）：3324-3330.

[10] 张宏，王礼茂，张英卓，等. 低碳经济背景下中国风力发电跨区并网研究[J]. 资源科学，2017，39（12）：2377-2388.

[11] 马实一. 风电-光伏-抽水蓄能联合优化运行模型建立与应用[J]. 供用电，2018，35（1）：80-85.

[12] 张宗亮，刘彪，王富强，等. 中国常规水电与抽水蓄能技术创新与发展[J/OL]. 水力发电：1-7.（2023-09-15）[2023-10-18] . http：//kns.cnki.net/kcms/detail/11.1845.TV.20230914.1729.006.html.

[13] 杨永江，王立涛，孙卓. 风、光、水多能互补是我国"碳中和"的必由之路[J]. 水电与抽水蓄能，2021，7（4）：15-19.

金沙江下游梯级水电工程碳汇初步分析

崔 磊 高 繁 薛联芳 任 远

（水电水利规划设计总院，北京 100120）

摘 要： 20 世纪中后期至今，全球气候变暖问题引起了国际社会的普遍关注，世界范围内的节能减排行动和碳汇研究工作在众多协商会议推动下不断前行。针对水电站碳汇研究较缺乏的情况，开展了金沙江下游梯级水电工程碳汇初步分析，得出金沙江下游梯级电站年均减少碳排放量约 1.46 亿 t，年均经济效益约 31.05 亿元。通过初步探究分析梯级水电群的碳汇潜力及其低碳经济效益，可为健全我国碳交易市场机制、促进水电水利行业低碳经济发展提供借鉴。

关键词： 碳汇；碳交易；梯级水电；低碳经济

1 引言

碳汇研究是全球气候变化研究的重要课题，一直是国内外多学科研究的热点。1997 年《京都议定书》的通过，开启了国内碳汇研究的序幕，二氧化碳、碳源开始成为该领域研究热点。《京都议定书》生效后，森林碳汇确定为温室气体减排的重要方式，并由此催生了森林碳汇市场，森林碳汇和林业碳汇开始受到了更多关注，低碳经济、碳储量和碳汇项目的研究也开始增多[1]。2016 年《巴黎协定》正式生效，国际社会协调应对气候变化进程迎来了可持续发展的新阶段，关于碳汇潜力的研究受到学者们的重视。

2021 年，"碳达峰""碳中和"首次写入政府工作报告，我国政府提出：二氧化碳排放力争于 2030 年前达到峰值，努力争取 2060 年前实现碳中和。我国碳排放中占比最大的（54%）来源于电力和供热部门生产环节中化石燃料的燃烧。碳达峰主要任务是控制煤炭消费，发展清洁能源。金沙江下游水电规划布置乌东德、白鹤滩、溪洛渡、向家坝四级电站，四级电站均已经蓄水发电，其中乌东德水电站装机容量 10 200 MW，年均发电量 389.10 亿 kW·h；白鹤滩水电站装机容量 16 000 MW，年均发电量 624.43 亿 kW·h；溪洛渡水电站装机容量

12 600 MW，年均发电量 571.20 亿 kW·h；向家坝水电站装机容量 6 000 MW，年均发电量 307.47 亿 kW·h。如此体量巨大的水电群对国内优化能源结构、削减煤炭消费起到积极作用。但现阶段对碳汇市场机制的研究重点主要为森林碳汇和林业碳汇[2]，对水电站的碳交易相关研究甚少，因此，本文通过对金沙江下游梯级水电群碳汇进行初步分析，探究巨型梯级水电站的碳汇潜力及其低碳经济效益。

2 碳汇及其经济效益核算方法

碳源与碳汇是两个相对的概念，《联合国气候变化框架公约》将碳汇定义为从大气中清除二氧化碳的过程、活动或机制，将碳源定义为向大气中释放二氧化碳的过程、活动或机制[3]。碳源量和碳汇量是指在这个过程中的碳量。因此，低碳经济也被称为碳汇经济，是指由碳源与碳汇相互关系及其变化所形成的对社会经济及生态环境影响的经济，即碳资源的节约与经济、社会、生态效益的提高。

水电站碳汇、碳减排主要体现在电站建设本身清洁能源发电、水域面积增加及植被面积增加 3 个方面。电站发电通过水能资源开发利用，减少了碳能源发电的需求量，减少了煤炭的消耗量，进而减少了 CO_2 的排放量；水域面积及植被面积的增加有利于吸收 CO_2，从而将大气中的 CO_2 固定在植被或土壤、水体中，减少 CO_2 在大气中的浓度。

在核算电站建设发电、水域面积增加和植被面积增加带来的碳汇及其经济效益时，虽然不同方法在具体参数上存在差异，但核算的重点和难点具有一致性，即如何对电站建设减少的碳排放量进行准确估算。围绕碳排放量估算问题，目前有排放因子法、基准线法、生命周期法、实测值法及经验方程法等核算方法值得参考，这几种常见估算方法的优缺点见表 1。

表 1 电站温室气体碳减排量估算方法比较

方法	方法简介	优势	局限性
排放因子法	基于国际组织或政府公布的标准煤碳排放系数及水库或湿地、不同植被等碳排放因子,估算相应的碳排放量	a. 排放系数往往经过多方验证,相对权威、客观; b. 节约人力、物力; c. 适用于流域或区域尺度	a. 缺乏系统性和整体性; b. 缺乏对不同区域自然和经济社会差异的考察
基准线法	基于区域电网基准线排放因子,结合发电量估算相同电量燃煤发电碳排放量	a. 计算方法相对简便; b. 节约人力、物力; c. 适用于流域或区域大尺度	a. 缺乏系统性和整体性; b. 缺乏对不同区域自然和经济社会差异的考察

方法	方法简介	优势	局限性
生命周期法	对电站建设前后各阶段潜在温室气体排放量进行系统估算	a. 对各阶段进行估算,具有系统性和整体性; b. 估算结果相对全面和准确	a. 估算体系的选择和系统边界的设置有主观性; b. 需要大量基础数据与参数,工作量大,依赖人力、物力投入
实测值法	基于水库、湿地等水域或不同植被温室气体实测值估算排放量	a. 充分考虑不同研究区自然差异; b. 实地采样与实测值估算结果相对准确; c. 适用于小区域尺度精细化计算	a. 受温度、风速等因素影响,排放量时间波动比较大; b. 受野外监测条件限制,实现逐日、24 h 监测较为困难; c. 实验设计与检测程序缺乏统一明确的指导
经验方程法	以实测的温室气体排放和环境参数为基础,采用统计模型估算温室气体排放量	a. 适用于大区域尺度温室气体排放量估算; b. 计算简便,节约人力、物力; c. 统计模型的应用提高了估算结果的可信程度	a. 依据既有的参数与实测值,缺乏对相应参数的动态考察; b. 估算过程缺乏系统性; c. 忽略了不同实测值间的差异

由表 1 可知,现行的估算方法均存在一定的优点和局限性,对于电站碳汇的估算只能尽可能减少误差,而不能做到绝对准确。其中排放因子法经过多方验证,相对权威、客观,且适用于流域尺度,因此,对金沙江下游梯级电站水域面积增加及植被面积增加两个方面的碳汇及其经济效益核算采用排放因子法。

3 碳汇及其经济效益核算结果

3.1 电站发电碳汇核算

单位发电量标准煤消耗量(供电煤耗)按照《中国能源大数据报告(2019)》中公布的标准值 30 800 t/(亿 kW·h)为参考,标准煤的碳排放系数取国家发展改革委公布的标准值 2.5 t$_{(CO_2)}$/t$_{(标准煤)}$。依据我国 7 个试点省市碳汇市场中 CO_2 的价值量数据及成交价,CO_2 价值取成交价均值 21.3 元/t。后续在计算碳汇价值时均以此均价作为单位 CO_2 的价值量。计算得到的电站建设发电碳汇及其经济效益结果见表 2。

表 2 电站建设发电碳汇及其经济效益

梯级电站	年均发电量/ (亿 kW·h)	标准煤消耗量/ 万 t	标准煤碳排放系数/ (t$_{(CO_2)}$/t$_{(标准煤)}$)	CO_2 价值/ (元/t)	年均碳汇/ 万 t	年均效益/ 万元
乌东德	389.10	1 198.4	2.5	21.3	2 996.0	63 814.8
白鹤滩	624.43	1 923.2	2.5	21.3	4 808.0	102 410.4
溪洛渡	571.20	1 759.3	2.5	21.3	4 398.3	93 683.8
向家坝	307.47	947.0	2.5	21.3	2 367.5	50 427.8

3.2 水域面积碳汇核算

通过联合国政府间气候变化专门委员会（Intergovernmental Panel on Climate Change，IPCC）排放因子法计算电站水域面积增加的碳汇，根据研究区实际自然地理位置，选择 IPCC 报告划分的六类气候区中的"Warm Temperate moist"（温带湿润）气候类型，对应的均值排放因子为 $1.46\,t_{(CO_2)}/(hm^2 \cdot a)$。计算得到水域面积增加碳汇及其经济效益结果见表 3。

表 3　水域面积增加碳汇及其经济效益

梯级电站	正常蓄水位水库面积/km²	排放因子/[$t_{(CO_2)}/(hm^2 \cdot a)$]	CO_2 价值/（元/t）	年均碳汇/t	年均效益/万元
乌东德	127.1	1.46	21.3	18 556.60	39.53
白鹤滩	216.49	1.46	21.3	31 607.56	67.32
溪洛渡	133.65	1.46	21.3	19 512.90	41.56
向家坝	95.6	1.46	21.3	13 957.60	29.73

3.3 植被面积碳汇核算

根据 IPCC 报告中热带/亚热带地区的林地和草地排放因子，选取林地排放因子数值为 $1.36\,t_{(CO_2)}/(hm^2 \cdot a)$，选取草地排放因子数值为 $5.00\,t_{(CO_2)}/(hm^2 \cdot a)$。结合林地和草地覆盖面积以及各梯级电站的核准年份等变量，植被面积增加碳汇及其经济效益核算结果见表 4。

表 4　植被面积增加碳汇及其经济效益

梯级电站	林草面积/hm²		排放因子/[$t_{(CO_2)}/(hm^2 \cdot a)$]		CO_2 价值/（元/t）	年均碳汇/t	年均效益/万元
	森林	草地	森林	草地			
乌东德	102.06	52.39	1.36	5.00	21.3	1 470.76	3.13
白鹤滩	147.90	104.21	1.36	5.00	21.3	2 650.45	5.65
溪洛渡	274.75	291.44	1.36	5.00	21.3	6 719.26	14.31
向家坝	156.67	78.00	1.36	5.00	21.3	2 213.27	4.71

3.4 碳汇计算汇总

根据金沙江下游四个梯级电站在建设发电、水面面积增加、植被面积增加三个方面碳汇核算结果，计算汇总各梯级电站年均碳汇，结果见表 5。

表5　年均碳汇及经济效益计算结果汇总

梯级电站	电站建设发电/万t	水域面积增加/万t	植被面积增加/万t	年均碳汇/万t	年均效益/万元
乌东德	2 996.0	1.86	0.15	2 998.01	63 857.61
白鹤滩	4 808.0	3.16	0.27	4 811.43	102 483.46
溪洛渡	4 398.3	1.95	0.67	4 400.92	93 739.60
向家坝	2 367.5	1.40	0.22	2 369.12	50 462.26
合计	14 569.8	8.37	1.31	14 579.48	310 542.93

由表5可知，经初步估算，金沙江下游梯级电站年均减少碳排放量约1.46亿t，按国内碳市场成交价均值21.3元/t，折合年均经济效益约31.05亿元。

4　水电站碳汇的思考与讨论

根据"十四五"期间我国碳排放总量预测，至2025年二氧化碳总排放量将到达峰值115亿t。根据本文估算结果，金沙江梯级电站碳排放减少量占比约1.27%；金沙江下游水电工程年均发电量共计约1 892.2亿kW·h，如按照折合的碳交易经济效益，金沙江下游水电项目每上网一度电可增收约0.016元。水能资源作为可再生资源是我国发展清洁能源的重要组成部分，梯级水电站的建设有利于削减火电站对煤炭等自然资源的消耗，减少经济发展带来的环境污染，具有巨大的碳汇研究潜力，符合低碳经济的发展要求。2012年之前，我国企业主要通过清洁发展机制（Clean Development Mechanism，CDM）参与国际碳市场。但是，随着欧洲经济低迷以及《京都协议书》第一阶段的结束，核证减排量（Certified Emission Reduction，CER）价格不断下跌，CDM项目发展受阻。在此情况下，2012年我国开始建立国内的自愿减排碳信用交易市场，其碳信用标的为国家核证自愿减排量（Chinese Certified Emission Reduction，CCER）。我国水电CCER审定公示项目数量有限，其中小水电项目较多，现阶段最大装机容量为贵州乌江思林水电站项目1 050 MW，未来大中型水电工程项目如何通过CCER审定进入碳交易市场值得关注和研究。

通过计量、核算水电站带来的低碳经济效益，不仅能够进一步明确水电站建设在保障经济社会发展、保护自然生态环境、缓解气候变化进程等方面的贡献，还有助于通过建立行业碳交易市场，拓宽融资渠道，对于新时期生态文明建设发展有重要的理论和实践意义。通过对国内碳汇研究主题的分析发现，从时期变化来看，碳汇、森林碳汇、碳储量和林业碳汇一直是国内碳汇研究重要的研究热点[4]，存在各研究领域不尽平衡的问题。开展水电站及其他清洁能源相关碳汇研究，有利于合理配置碳排放权市场份额，健全碳交易市场机制，促进更少的自然资源消耗和更少的环境污染，获得更多的经济产出，更好地发展低碳经济[5]。

参考文献

[1] 黄彦. 低碳经济时代下的森林碳汇问题研究[J]. 西北林学院学报，2012，27（3）：260-268.

[2] 何炯英，刘梅娟，李婷. 森林碳汇会计核算研究的回顾与展望[J]. 林业经济问题，2021，41（5）：552-560.

[3] 曹海霞，张复明. 低碳经济国内外研究进展[J]. 生产力研究，2010（3）：1-6.

[4] 黄利，于焕生，何丹，等. 国内碳汇研究进展与前沿动态追踪——基于 CNKI 期刊文献的可视化分析[J]. 林业经济，2020，42（4）：46-55.

[5] 王淑军，高翠娟，徐世鹏，等. 水利改革发展的低碳经济效益[J]. 生态经济，2011（12）：72-75.

关于探索推进水电行业温室气体管理的重要意义及对策建议

吴兴华[1] 温静雅[2] 曹晓红[2] 黄 茹[2]

（1. 中国长江三峡集团有限公司，武汉 430010; 2. 生态环境部环境工程评估中心，北京 100012）

摘 要：水电行业温室气体排放问题近年来备受国际关注。近年来，水电行业温室气体排放管理已从早期的质疑逐渐向温室气体管理技术标准化体系建设及认证、交易发展。面对水电行业温室气体国际舆论、温室气体认证和碳费征收及排放管理等新挑战、新形势，建议加快推进水电行业温室气体排放管理标准化体系建设，支撑水电行业温室气体核算，同时创新水电行业温室气体管理模式，完善温室气体交易配套政策与制度。

关键词：水库；温室气体；水力发电；环境管理

水电是清洁、低碳的可再生能源，是应对气候变化不可或缺的重要组成部分。我国水电装机容量 3.7 亿 kW，占全国可再生能源装机总量的 46.4%，是当前我国优化能源结构、实现"双碳"目标的中坚力量。与此同时，全球范围内水电行业形成水库的水域总面积达 34 万 km^2，因筑坝蓄水淹没残留有机质腐败降解产生的二氧化碳（CO_2）、甲烷（CH_4）、氧化亚氮（N_2O）等温室气体通过水-气界面扩散和发电尾水下泄释放到大气中。20 世纪 90 年代有调查研究表明，南美 Balbina 水电站温室气体排放量可达 691 万 t/a，温室气体排放因子为 2 900 g 二氧化碳当量/(kW·h)，是同区域相同发电量化石燃料排放的 10～20 倍，部分国际反坝组织借此质疑水电能源清洁低碳属性，引发了国际社会对水库温室气体问题的关注。本文梳理了国际水电行业温室气体管理现状，分析了我国开展水电行业温室气体管理的必要性并提出相应对策建议，以期为推动建立水电行业温室气体管理制度、探索水电行业碳交易试点提供参考。

1 国际水电行业温室气体管理现状

近 20 年，国际水电行业温室气体管理主要集中在技术标准化与认证交易管理两方面。

1.1 推动水电温室气体管理技术标准化体系建设

联合国教科文组织（UNESCO）、国际水电协会（IHA）、世界银行等多个国际组织开发了"水库温室气体净通量评估模型"，对全球近 500 座水电水库进行温室气体排放核算，已形成基本共识，即全球范围内各类型水电温室气体排放因子中位值约为 18.5 g 二氧化碳当量/（kW·h），低于光伏［48 g 二氧化碳当量/（kW·h）］、天然气［490 g 二氧化碳当量/（kW·h）］和煤炭［820 g 二氧化碳当量/（kW·h）］等其他能源形式；且成库后温室气体排放强度同其所在区域自然地理条件、淹没区有机碳储量、流域污染负荷等密切相关，整体呈现纬度越高、排放越低的趋势。同时，UNESCO 与 IHA、国际能源机构（IEA）、联合国政府间气候变化专门委员会（IPCC）相继出台了《淡水水库温室气体监测技术导则》《水库碳平衡与碳管理技术导则》《水淹地国家温室气体清单》，着力推动统一的水电温室气体管理技术标准化体系建设。

1.2 推动水电认证与交易的新模式

2016 年 11 月，《巴黎协定》正式生效后，一些国家、地区和组织已启动水电碳核算、碳交易试点、跨境电力出口及涉外投资的水电温室气体认证与碳费征收等工作。如哥斯达黎加对国内所有水电进行了碳核算；巴西已将温室气体核算纳入水电环境影响评价中，并正开展跨境水电或企业的碳中和认证；北美碳交易市场已启动水电碳交易试点工作，美国拟按照北美碳交易市场的价格对加拿大跨境出口的水电征收碳费，而加拿大需提供水电核算与认证结果；气候债券倡议组织（CBI）颁布了《水电温室气体核算规范》，提出符合标准的水电可通过气候债券或绿色债券发行认证，用于后续全球范围内的技术转让与债券交易。但是，我国及欧盟大部分国家仍将水电视为低碳能源，尚未针对水电行业温室气体提出有针对性的管理政策。

2 我国开展水电行业温室气体管理的必要性

为更好地推动"双碳"目标下的水电行业绿色管理，结合我国国情和国际水电行业温室气体管理经验，在我国开展水电行业温室气体管理十分必要。

2.1 回应国际舆论对我国水电低碳属性质疑的需求

我国水电工程在建设阶段遵从《水利水电工程库底清理设计规范》（SL 664—2014）要求进行了系统的库底清理，显著减少了成库淹没后有机质降解与温室气体排放。但国际社会在关注我国日益增长的大坝数量的同时，抨击中国水电开发的合理性及低碳属性。2009 年，《自然》杂志引用中国学者的研究成果对三峡水库温室气体问题进行了报道，认为其排放高于巴西 Balbina 水电站，将三峡水库推到了风口浪尖。中国长江三峡集团有限公司（以下简称"三峡集团"）为摸清实际情况，自 2009 年以来先后开展了三峡、溪洛渡与向家坝的温室气体源汇变化监测与分析，结果表明三峡工程现阶段温室气体排放因子约为 13.2 g 二氧化碳当量/（kW·h），平均排放量 136 万 t/a，排放速率约为 1 260 g 二氧化碳当量/（m²·a），远小于巴西热带水库温室气体的排放量（285 万～691 万 t/a）和排放速率［3 500～7 000 g 二氧化碳当量/（m²·a）］，回应了国际社会对我国水电开发的质疑。

随着雅鲁藏布江下游水电开发列入《中华人民共和国国民经济和社会发展第十四个五年规划和 2035 年远景目标纲要》及《2030 年前碳达峰行动方案》，我国水电开发温室气体排放问题可能再次面临国际舆论质疑，亟待加强对我国水电行业温室气体排放情况摸底与监测评估，做到"心中有数，积极应对"，主动回应国际关切问题和潜在影响。

2.2 应对对外投资水电温室气体认证与碳费征收新挑战的需要

在"走出去"战略及"一带一路"倡议的带动下，中国水电企业对外业务已遍及全球 140 多个国家和地区，由中国企业和金融公司参与投资或建设共有近 400 个水电项目，占据海外 70%以上水电建设市场。未来我国涉外投资的水电及跨境出口电力将极有可能面临其他国家的温室气体认证与碳费征收，需提前谋划相关管理政策及技术储备。

此外，有研究对 104 个国家 1 473 座水电站的温室气体排放情况分析指出，非洲西部、东南亚等区域的水电设施对气候的影响比天然气和煤电更为严重，而这些区域都是我国水电对外投资的重点区域。为防范国际环保舆情和资产金融风险，需对该地区的水电开展更为审慎的温室气体排放技术评估和生态保护高线管理，充分完善生态环境主管部门的跨境环保监管职能。

2.3 响应国际水电行业温室气体排放管理新形势的需要

我国自 2005 年正式开展清洁生产机制（CDM）以来，截至 2013 年先后有 1 100 多个水电参与了 CDM 框架下的国际温室气体排放权交易，约占据全球交易量的 55%。2013 年，受交易机制及国际价格等因素影响，我国不再参与国际温室气体交易。2021 年，我国正式启动全国碳市场，首批纳入 2 225 家年排放量在 2.6 万 t 二氧化碳当量及以上的发电行业重点排放单位,而水电行业既没有纳入"源"的监管,也没列入"汇"的交易,存在管理"真空"地带。

我国是《联合国气候变化框架公约》(UNFCCC)的缔约方,每年需依照 IPCC 的《国家温室气体清单》提交相应的温室气体排放信息。2019 年,IPCC 已正式发布《2019 清单指南——水淹地国家温室气体清单》,指导各国将水库温室气体排放量纳入国家温室气体清单。目前,我国缺乏精细化的配套管理政策和技术支撑体系,亟待明晰水电行业温室气体政策导向或管理建议,进一步明确我国水电行业在应对气候变化总体工作中的定位及作用。

3   对策建议

3.1   加快推进水电行业温室气体排放管理标准化体系建设,支撑水电行业温室气体核算

一是以 IHA、IEA 相关技术导则为基础,结合我国水库自然环境背景与社会经济条件,遴选当前技术成熟、经济适用的水库温室气体监测技术方法,规范化水库温室气体净排放量的评估流程,加快制定我国水电行业温室气体排放监测评估技术标准。

二是梳理并编制水电全生命周期的温室气体排放清单,遴选我国有代表性的水电项目,开展水电碳足迹评价示范性应用,构建现阶段我国水电行业温室气体排放因子核算方法。

三是借鉴国际已有工作基础,对我国水电温室气体排放情况开展摸底调查,核定当前我国水电行业温室气体排放基准因子,为后续对接国际温室气体管理提供基础。

3.2   创新水电行业温室气体管理模式,完善温室气体交易配套政策与制度

一是编制水利水电工程减源增汇最优实践指南及现场核查手册,对水库库底清理、水库区域污染防治与生态修复、消落带治理、水电站优化运营管理、退役拆除等方面提出相应减源增汇措施,推动水电行业进一步优化升级。

二是以水电可持续性评价与温室气体核算结果为基础,试点构建并逐步推广我国水电绿色认证体系,按一定周期(3~5 年)开展温室气体排放核算与绿色认证,以此作为水电参与温室气体交易或发行绿色债券的准入条件;在现有温室气体排放权交易制度框架下,探索与水电相匹配的绿色基础设施投资或绿色行动计划,推进水电企业以"碳资产收益"补偿"生态损害"。

三是健全完善水电行业温室气体监管制度,包括水电企业温室气体自主披露制度、温

室气体交易准入与退出制度、水电行业温室气体交易产品设计制度、水电温室气体排放跟踪评价监测与评估制度等。通过年度执行报告向社会公开，推动行业温室气体排放监管。

参考文献

[1] 孙志禹，陈永柏，李翀，等. 中国水库温室气体研究（2009—2019）：回顾与展望[J]. 水利学报，2020，51（3）：15.

[2] 李哲，杨柳，吴兴华，等. 三峡水库 CO_2、CH_4 通量监测分析研究[J]. 湖泊科学，2023，35（2）：12.

[3] 李哲，王殿常. 从水库温室气体研究到水电碳足迹评价：方法及进展[J]. 水利学报，2022（2）：53.

[4] 杨乐. 三峡水库甲烷和二氧化碳排放及其影响因子研究[D]. 北京：中国科学院研究生院，2023.

兴隆水利枢纽鱼道工程存在的问题与改进研究

孙双科[1]　李广宁[1]　张　超[1,2]　柳海涛[1]　郑铁刚[1]

（1. 中国水利水电科学研究院，北京 100038;

2. 中国电建集团北京勘测设计研究院有限公司，北京 100024）

摘　要：兴隆鱼道采用横隔板布置方式，全长 399.43 m，上下游水位落差为 5.5 m，主要过鱼对象为洄游性鱼类鳗鲡、长颌鲚以及四大家鱼等。自 2014 年建成投产以来，过鱼效果一直欠佳，因此针对现状布置体型开展了鱼道水力学深化研究，以发现导致过鱼效果欠佳的原因，并探求解决对策。研究表明，兴隆鱼道工程存在的主要问题包括厂房集鱼系统失效、右岸鱼道进口集鱼效果欠佳、下游河道下切导致鱼道进口段水深不足、鱼道出口段流速偏低以及池室流态过于复杂等方面。为此提出了一系列改建措施，包括厂房集鱼渠与右岸鱼道进口优化、延长鱼道长度、鱼道出口段增设隔板、优化池室结构体型等。并通过数值模拟计算进行了改进措施的有效性评估与分析。

关键词：兴隆水利枢纽；鱼道；厂房集鱼系统；鱼道进口；鱼道出口；池式结构

1　引言

过鱼设施是帮助鱼类克服闸坝阻隔并顺利完成其洄游上溯的专用水工建筑物，在维系河流连通性、减缓水利水电工程建设对于鱼类资源的不利影响等方面具有不可替代的重要作用[1-4]。随着国民环境保护意识的提高与国家层面对环境保护工作的重视，修建过鱼设施已成为新建工程环境影响评价的主要环保措施，而对于已建过鱼设施工程的有效性评估与改建也逐步提上日程[5-7]。

本文以汉江兴隆水利枢纽鱼道工程[8]为例，开展了现场查勘与数值模拟计算研究，分析总结了该鱼道工程存在的主要技术问题，提出了相应的改建方案并进行了有效性计算分析。

2 兴隆水利枢纽概况与鱼道工程布置

2.1 工程概况

兴隆水利枢纽位于汉江下游潜江，地处天门市，上距丹江口枢纽 378.3 km，下距河口 273.7 km，是南水北调中线汉江中下游四项治理工程之一，同时也是汉江中下游水资源综合开发利用的一项重要工程。

兴隆水利枢纽由拦河水闸、船闸、电站厂房、鱼道、两岸滩地过流段及其上部的连接交通桥等建筑物组成。枢纽正常蓄水位 36.2 m，相应库容 2.73 亿 m³，规划灌溉面积 327.6 万亩，规划航道等级为Ⅲ级，电站装机容量 40 MW。

兴隆水利枢纽总体布置格局：在河槽和左岸低漫滩上布置泄水闸，紧邻泄水闸右侧布置电站厂房，船闸布置在厂房安装场右侧的滩地上，鱼道位于船闸与电站厂房之间。船闸与右岸汉江堤防之间、泄水闸与左岸汉江堤防之间则为滩地过流段，主体建筑物与两岸堤防之间采用交通桥连接。

泄水闸由 56 孔组成，每孔净宽 14 m，闸段总长 953 m，闸孔总净宽 784 m，采用两孔一联结构型式，泄水闸底板顺流向长 25 m。泄水闸工作门为弧形钢闸门。

电站装机容量 40 MW，安装四台贯流式水轮发电机组，单机容量 10 MW，水轮机直径 6.55 m。电站厂房总长 112 m、宽 74 m。

通航建筑物由船闸主体段和上、下游引航道组成，线路总长 1 456 m。船闸主体段由上、下闸首和闸室组成，总长 256 m，航槽净宽 23 m，结构均采用整体式 U 形结构。

上、下游引航道直线段长度为 450 m，左侧布置透水墩板式混凝土主导航墙，主导航墙长 167 m，右侧布置靠船墩和辅导墙，靠船段长 167 m，辅导墙长 54 m。

鱼道布置在电站厂房和船闸之间，采用整体式 U 形结构，全长约 399.43 m。本工程主要过鱼对象为洄游性鱼类鳗鲡、长颌鲚；半洄游性鱼类草鱼、青鱼、鲢、鳙、铜鱼、鳊、鳡等的亲体和成体。鱼道设计流速取 0.5～0.8 m/s,主要过鱼对象的过坝时段为每年的 5—8 月。洪水期上下游水位差较小，鱼类可从泄水闸通过；其余时段，鱼类需从鱼道通过。根据水位、流量和时间的关系，确定鱼道设计水位上游出口为水库正常蓄水位 36.20 m，下游进口为过鱼季节 5—8 月的多年平均低水位 30.70 m，设计过鱼水位落差为 5.5 m。

2.2 鱼道布置

鱼道布置在电站厂房和船闸之间，进口位于电站厂房尾水渠右侧，出口位于电站上游约 163 m 处，全长约 399.43 m。主要建筑物有厂房集鱼系统、鱼道主体结构（鱼道进口、过鱼池、鱼道出口）以及补水系统等（见图1）。

图1 兴隆鱼道平面布置

鱼道剖面结构为横隔板式，鱼道共有过鱼池室117个，过鱼池106个，休息池11个。过鱼池宽2.0 m，长2.6 m，底坡2.0%，每间隔10个过鱼池设置一个长4.88～5.2 m的平底休息池。

（1）厂房集鱼系统。

厂房集鱼系统主要由集鱼渠和进鱼孔组成。集鱼渠和补水渠一起构成集鱼补水渠。集鱼补水渠平行坝轴线，采用C25二级配混凝土，通过挑梁悬挑布置在电站尾水平台上。集鱼渠为U形结构，宽1.5 m；补水渠为箱型结构，宽1.0 m，顶板30 cm；集鱼补水渠左、中、右边墙各宽0.3 m，底板厚0.4 m，总长103.6 m，分为4段20 m长的结构块和1段23.6 m长的结构块。集鱼补水渠渠底高程28.70 m，渠顶高程31.20 m。在每个尾水管出口上设2个进鱼孔，共16个，尺寸为1.0 m×1.0 m，孔底高程错落布置以适应下游水位的变化。

（2）鱼道主体结构。

鱼道主体段为整体U形结构，结构混凝土等级为C25（二级配），净宽2.0 m。从下游到上游分为进口段、鱼1—鱼44等45个结构块。进口段布置有鱼道进口、下游检修门及启闭机房；鱼43布置有上游工作门及启闭机房；鱼道上游出口布置在鱼44。进口段—鱼41布置有过鱼池。单个过鱼池净宽2.0 m，长2.6 m，底坡2.0%，每间隔10个过鱼池设置一个长5.2 m的平底休息池。池内设两小孔加一大孔的组合式隔板，隔板采用C25一级配混凝土，厚20 cm，底部小孔尺寸为0.3 m×0.3 m，上部大孔尺寸为1.0 m×1.0 m，设计水深为2.0 m，设计流量为1.0 m³/s。

鱼道下游进口包括1#主进口和集鱼渠进鱼孔。1#主进口布置在电站尾水渠右侧，通过会合池和集鱼渠连接，主进口底板高程为 28.70 m。

鱼道上游出口位于电站上游右侧边坡上，距电站取水口约 175 m，底板高程为 34.20 m。

（3）补水系统。

补水系统设置在右岸门库内，设有引水管、工作门、检修门和补水渠等。补水系统通过引水管从上游补水，由工作门的开度控制流量，通过补水系统与集鱼系统之间隔墙上的内径 80 mm 补水孔消能进入集鱼渠。

引水管布置在进口中心线高程为 34.00 m，出口中心线高程为 29.35 m，设有检修门和工作门，用于调节补水系统流量。引水管长约 43.70 m，采用内径 700 mm 的钢管；补水渠平行集鱼渠布置，水流从补水渠侧墙上的消能孔进入集鱼渠。

3 兴隆鱼道存在的主要问题

根据现场考察并对相关资料进行水电行业温室气体排放问题分析，发现现状鱼道存在的主要技术问题包括厂房集鱼系统失效、右岸鱼道 1# 进口集鱼效果欠佳、下游河道下切导致鱼道进口段水深不足、鱼道出口段流速偏低以及鱼道池室内水流流态复杂共 5 个方面。

3.1 厂房集鱼系统失效

兴隆鱼道工程的进口段由设置于尾水渠右边墙起始段的一个鱼道进口与尾水渠集鱼系统组成（见图 2 和图 3）。

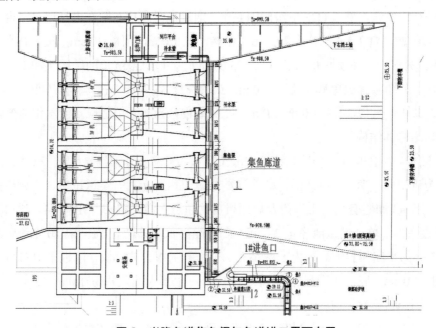

图 2 兴隆鱼道集鱼渠与鱼道进口平面布置

图 3   兴隆鱼道进口段概貌

现场观察发现，厂房集鱼系统不能发挥其应用的集诱鱼作用，其原因如下：

（1）鱼道下泄水流主要从右侧鱼道进口流出，由于鱼道流量有限，难以分流进入集鱼渠并形成自右向左的诱鱼水流，鱼道进口与厂房集鱼渠交汇区基本上为静水区；

（2）厂房集鱼系统是从设置于集鱼渠上游侧的补水渠通过多个小孔对集鱼渠进行补水，补水水流流向为垂直于集鱼渠，因此也无法在集鱼渠内形成自右向左的诱鱼水流。2013 年，三峡大学曾针对兴隆鱼道集鱼渠进行过数值模拟计算研究[9]，计算结果表明集鱼渠内不能形成自右向左的横向水流结构，因而难以发挥其应有的集诱鱼作用。

3.2   右岸鱼道 1#进口的集鱼效果欠佳

现状鱼道的进口段采用与鱼道等宽布置方式，宽度为 2.0 m。由于进口宽度较大，导致鱼道进口口门处的出流流速过于偏小，大大降低了鱼道进口的集诱鱼作用。另外，进口段出流导向角度为 30°，其集诱鱼区域仅限于右岸岸边局部范围，无法吸引进口段上游侧坝下鱼类主要聚集区内的鱼类发现鱼道进口。

分析表明，厂房集鱼系统失效与右岸鱼道进口的集鱼效果欠佳是导致本鱼道工程过鱼效果欠佳的首要原因。

3.3   下游河道下切导致鱼道进口处水深不足

兴隆水利枢纽建成后，下游河道出现了明显的清水下切，导致下游河床底部高程降低。2006—2007 年实测的下游水位流量资料表明，因下游河道清水下切导致的下游水位降幅约为 0.8 m [见图 4（a）]。

兴隆鱼道上游出口底板高程为 34.2 m，对应于水库正常蓄水位为 36.2 m，鱼道出口处水深为 2.0 m；而下游鱼道进口底板高程为 28.7 m，下游水位降低 0.8 m 对鱼道运行有显著的不利影响。

分析表明：

（1）在 1 台机发电工况下，下游水位仅 28.42 m，低于鱼道进口底板高程（28.7 m）0.28 m，表明该工况下实际上已无法过鱼；

（2）在 2 台机发电工况下，鱼道进口处水深仅 0.66 m，远低于 2.0 m 的鱼道上游出口处水深值，因此鱼道运行时将出现沿程流速逐步加速的水流流态，鱼道进口处的流速值将接近 3 m/s，显然该工况下也无法过鱼；

（3）在 3 台机发电工况下，鱼道进口处水深为 1.37 m，对应于鱼道上游出口处的水深 2.0 m，鱼道内仍会出现局部的沿程流速加速情况，鱼道进口过鱼孔处的水流流速约 1.46 m/s，部分游泳能力较弱的过鱼对象将无法完成洄游上溯；

（4）在 4 台机发电工况下，鱼道进口处水深为 1.89 m，与鱼道上游出口处的水深 2.0 m 相比，量值较为接近，因此大体上不会影响过鱼。

原型观测发现，2018 年 1—3 月下游水位实测值较相应的设计值降幅进一步增大至 0.83～1.68 m，平均降幅约为 1.27 m［见图 4（b）］。这表明，下游河道清水下切问题又有了进一步的发展。因此，在鱼道改建中初步拟定将鱼道进口底板高程降低 1.5 m。

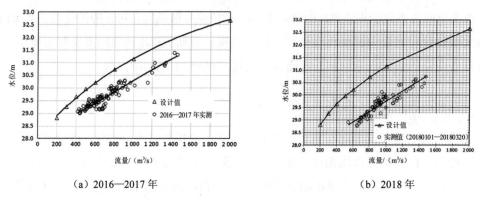

（a）2016—2017 年 　　　　　　　　　　　（b）2018 年

图 4　兴隆水利枢纽下游水位实测值与设计值对比

3.4　鱼道上游出口段流速偏低

现状鱼道上游出口段长度约 40 m（0+338.298 m～0+378.832 m），由于未安装任何隔板，因此该段内水流流速较小，初步估算其量值约为 0.3 m/s。由于出口段较长而流速较低，也会对鱼类进一步上溯产生一定的不利影响。

3.5　鱼道池室内水流流态复杂

现状鱼道采用了堰流与潜孔组合的隔板布置方式，鱼道池室内的水流结构较为复杂，对于鱼类上溯有不利影响，需要进一步研究并进行相应的体型调整。

4 改建方案初步拟定

针对上述问题，初步拟定如下改进方案，如图 5 所示：

（1）将集鱼系统补水点由补水渠上游侧移动至右侧鱼道进口与集鱼渠汇合池的右侧，确保补水水流能形成自右向左的诱鱼水流流向。补水水流在进入汇合池之前先通过消能工进行消能，确保流速量值小且分布均匀。

（2）缩短集鱼渠长度，仅保留右侧部分，为充分发挥有限补水流量的集诱鱼作用，只设置 1 个集鱼渠进鱼孔，孔口宽度取 0.4 m，位于集鱼渠末端，采用横向出流方式。

（3）调整右侧鱼道进口设计，采用紧靠岸边布置方式，孔口宽度采用 0.4 m，同样采用横向出流方式。

（4）在鱼道下游段，为克服因下游河道清水下切所导致的鱼道进口处水深不足的问题，需要通过延长鱼道布置长度而将鱼道进口底板高程降低 1.5 m，由目前的 28.7 m 降低至 27.2 m。按鱼道底坡 2% 计算，鱼道延长段长度为 75 m，可利用右岸平台采用折返方式布置竖缝式鱼道段。

（5）在鱼道上游出口段 40 m 长范围内，可按常规池室结构进行布置，增设一定数量的隔板，以提高水流流速。

（6）对鱼道池室内的水流结构进行复核计算与优化研究，根据研究结果，制订池室结构优化调整方案。

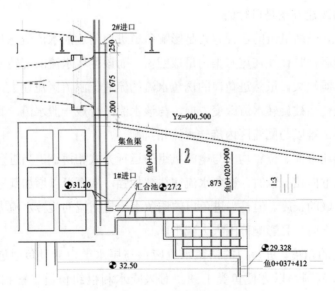

图 5 鱼道进口段与集鱼渠改建方案

5 集鱼渠与鱼道进口改建方案数值模拟计算分析

针对鱼道集鱼渠与鱼道进口段改建方案开展了三维数值模拟计算研究，计算中模拟了鱼道 1#与 2#进口、电站尾水出口、电站尾水渠及下游部分河道，计算域如图 6 所示。模型坐标系是以"坝 0+00 m"为"*X*=0"，右岸高程为 38 m 的"浆砌石压顶及截水沟中心线"为"*Y*=0"进行建立的。

图 6　兴隆鱼道集鱼渠与鱼道进口改建方案三维数学模型计算域

计算结果表明，在 1～4 台机发电运行条件下，改建方案的集鱼渠 2#进鱼口与右侧 1#进鱼口附近都能形成较好的水流流场结构与适宜的流速，有助于过鱼对象顺利发现进鱼口，表明拟定的改建方案是可行的。

研究还发现，电站机组的运行方式是影响鱼道进口附近的水流流态与流场结构的关键因素之一。机组运行时往往在尾水渠内形成回流，而该区域水流的旋转方向和位置对进鱼口诱鱼水流的影响较大。虽然进鱼口的诱鱼水流的流速比回流区流速大，但是依然难以穿透回流区，而是往往被旋转水流改变方向，与该水流汇合成一股水流。其原因在于，诱鱼水流的动量较小，难以与回流区内旋转水流相抗衡。

进鱼口的出流方向、位置均应与电站机组的运行方式相协调。当进鱼口的诱鱼水流与回流的旋转水流方向相一致时，诱鱼水流往往被加强，从而可以增加其覆盖范围，尤其有助于延长覆盖区域的长度。但是当进鱼口的诱鱼水流与回流的旋转水流方向相矛盾时，往往被迫改变水流方向，且影响范围大大减小。

从过鱼通道的角度，进鱼口的诱鱼水流应该与尾水渠内的过鱼通道相连通，或者沿坝轴线覆盖较大范围，以方便鱼类上溯。对兴隆水利枢纽鱼道工程相关计算结果分析表明：

（1）主进鱼口位于右岸靠近坝体处，且距离右 1#机组约 24 m。当 1#、2#、3#、4#机组单独运行时，均会在尾水渠的右部产生顺时针的旋转水流，其方向与主进鱼口诱鱼水流的方向一致，对诱鱼水流的覆盖范围有加强作用。主进口的诱鱼水流未受到单台机组运行的负面影响。

（2）辅助进鱼口位于 1# 与 2# 机组的出水口中间的隔墩上，出流方向沿坝轴线指向左岸。当 1# 机组运行时，左侧产生逆时针方向的旋转水流，其水流方向与辅助进鱼口的出流方向相冲突，迫使辅助进鱼口的诱鱼水流改变方向，与旋转水流合并，且覆盖区域明显减小。当 2# 机组运行时辅助进鱼口的诱鱼水流同样被改变方向，与主流合并，形成完整的过鱼通道。此时辅助进鱼口位于该过鱼通道的转折处，鱼类比较容易聚集，鱼类发现诱鱼水流的概率较大。当 3# 和 4# 机组单独运行时，辅助进口的水流均受左部旋流的影响改变方向，同时受右部旋流的影响偏向下游，但是尚未形成贯通的过鱼通道。可见，2# 机组单独运行时辅助进鱼口所形成的过鱼通道最完整，该进鱼口位置鱼类聚集的可能性较大，有利诱鱼。

（3）以上分析表明，当 2# 机组运行时，主、辅进鱼口均可发挥较佳的集诱鱼作用。因此建议单机运行时，首选 2# 机组运行，其次是 1# 机组。

（4）多台机组运行时，建议以 2# 机组运行为基础进行组合，2 台机运行时，推荐采用 2# 与 3# 机组或 2# 与 4# 机组；3 台机运行时，推荐采用 2#、3# 与 4# 机组。

（5）4 台机组满发时，辅助进口处流态较为紊乱，此时右岸的主进鱼口发挥主要诱鱼作用。

各机组及机组结合运行尾水渠内表面流场见图 7 至图 13。

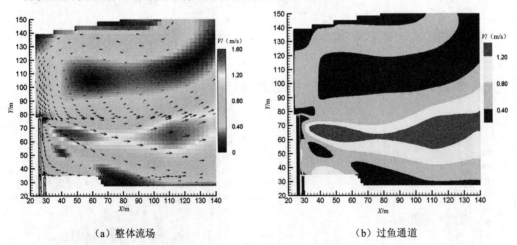

（a）整体流场　　　　　　　　　　（b）过鱼通道

图 7　1# 机组运行尾水渠内表面流场（发电流量 289 m³/s，进鱼口水深 2 m，诱鱼流速 1 m/s）

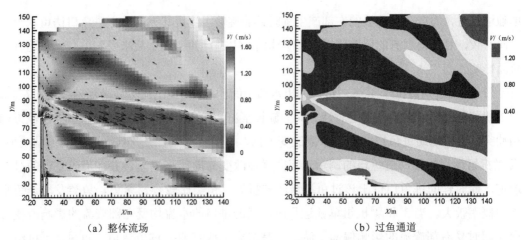

（a）整体流场　　　　　　　　　　（b）过鱼通道

图 8　2#机组运行尾水渠内表面流场（发电流量 289 m³/s，进鱼口水深 2 m，诱鱼流速 1 m/s）

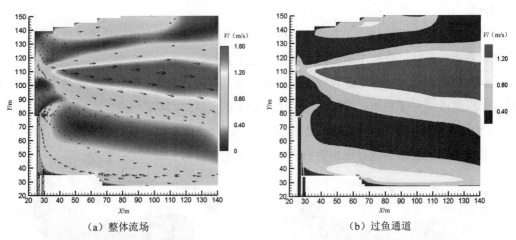

（a）整体流场　　　　　　　　　　（b）过鱼通道

图 9　3#机组运行尾水渠内表面流场（发电流量 289 m³/s，进鱼口水深 2 m，诱鱼流速 1 m/s）

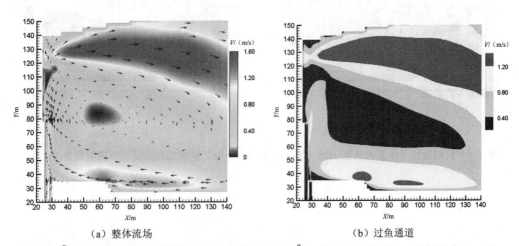

（a）整体流场　　　　　　　　　　（b）过鱼通道

图 10　4#机组运行尾水渠内表面流场（发电流量 289 m³/s，进鱼口水深 2 m，诱鱼流速 1 m/s）

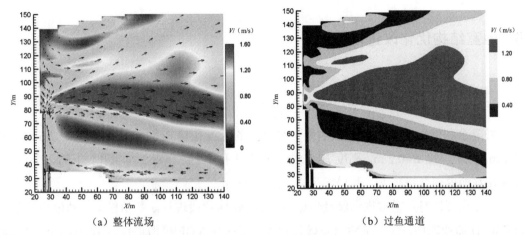

（a）整体流场　　　　　　　　　　　　（b）过鱼通道

图 11　2 台机组（2#+3#）运行尾水渠内表面流场（发电流量 578 m³/s，进鱼口水深 2 m，诱鱼流速 1 m/s）

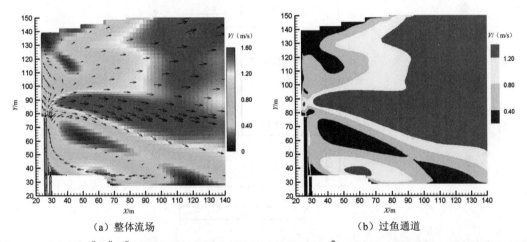

（a）整体流场　　　　　　　　　　　　（b）过鱼通道

图 12　3 台机组（2#+3#+4#）运行尾水渠内表面流场（发电流量 867 m³/s，进鱼口水深 1.37 m，诱鱼流速 1 m/s）

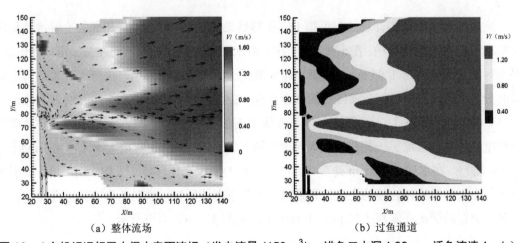

（a）整体流场　　　　　　　　　　　　（b）过鱼通道

图 13　4 台机组运行尾水渠内表面流场（发电流量 1156 m³/s，进鱼口水深 1.89 m，诱鱼流速 1 m/s）

6　池室结构优化改进研究

6.1　现布置方案池室水流结构

兴隆水利枢纽中现布置的鱼道是一种典型的淹没孔口式鱼道,池室长 L=2.6 m,宽 B=2 m,隔板厚度 P=0.2 m,高度 H=2.5 m,开有 3 孔,上部布置 1 个大孔,下部 2 个小孔,隔板在水池内部交错布置,其局部尺寸如图 14 所示。

本文主要针对鱼道常规水池及鱼道沿程的 90°转弯段进行了数值模拟。数值模拟采用 FLOW3D 商业软件,选用 RNG k-ε 湍流模型,并采用 VOF 模型追踪自由液面。模型入流边界和出流边界均设置为压力边界条件,给定固定水深 H_0=2 m。

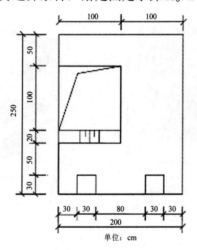

图 14　鱼道内部隔板尺寸

常规池室水流结构计算结果见图 15。计算结果表明,鱼道水池与相邻的上游水池形成交错对称分布的水流结构。在小孔口层,在上游水池内左侧小孔水流向左偏转形成回流区,回流区最大流速约为 0.65 m/s,右侧小孔水流受上方大孔水流影响产生分流现象,向左偏转并分为 2 股,分别流向下游隔板的 2 个小孔,上游水池内左、右 2 个小孔的最大流速约为 1.2 m/s[见图 15(a)];在大孔层,水体主流在水池内呈现"L"形分布,此时形成主流贴壁流动且在边墙另一侧伴有较大尺度回流区的水流结构,主流最大流速约为 1 m/s[见图 15(b)];在水深 h=1.45 m 处形成封闭而完整的环状流场环境 [见图 15(c)],由于不存在与上下游池室相连接的主流过鱼通道,鱼类进入该区域后容易迷失方向,进而影响其上溯。类似的情况在水深 1.35 m 处也有出现,如图 15(a)右下所示。

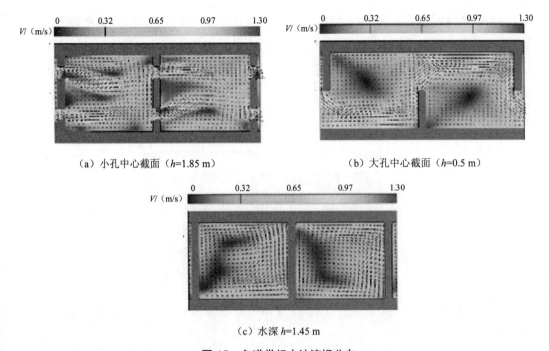

（a）小孔中心截面（h=1.85 m）　　　　　　（b）大孔中心截面（h=0.5 m）

（c）水深 h=1.45 m

图 15　鱼道常规水池流场分布

6.2　常规池室改建方案

前述计算结果表明，兴隆鱼道采用的孔口交错布置体型导致池室内水流结构较为复杂，池室内形成了主流贴壁流动且伴有大尺度回流区，且在水深 h=1.2～1.7 m 高度范围内无稳定的过鱼通道，会影响鱼类顺利通过。因此，有必要探求改善措施。

为避免主流贴壁，减小回流区的尺度，并尽可能减少改建工程量，研究提出了部分封堵大孔口的改进思路，如图 16（b）所示，图中阴影部分为封堵部分，此即改进方案Ⅰ。

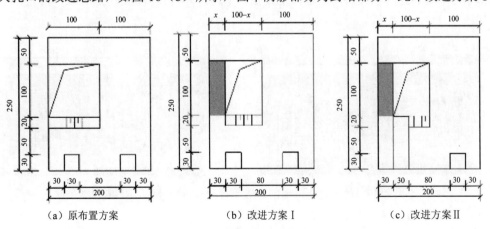

（a）原布置方案　　　　　　（b）改进方案Ⅰ　　　　　　（c）改进方案Ⅱ

图 16　鱼道内部隔板（单位：cm）

针对改进方案Ⅰ，计算得到了封堵宽度 30 cm、50 m、60 cm、70 cm 共 4 种情况下的流场结构分布。计算结果表明，封堵大孔口宽度有助于减轻主流贴壁程度，且封堵宽度越大，主流贴壁程度减小，同时主流流速明显减小；但在水深 h=1.45 m 处依然没有稳定的主流过鱼通道（见图 17）。

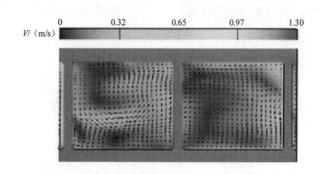

图 17　封堵宽度 60 cm、大孔口宽度 40 cm、水深 h=1.45 m 的流场分布

因此，在改进方案Ⅰ的基础上，将大孔下部的小孔向上延伸至大孔下边缘，形成上下贯通的过鱼通道，如图 16（c）所示，此即为改进方案Ⅱ。

在改进方案Ⅱ中，在形成上下贯通过鱼通道的同时，对大孔口进行了部分封堵，形成若干方案，各方案的计算结果表明，将小孔向上延伸至大孔边缘，形成上下贯通的过鱼通道后，水深 h=1.45 m 处能够形成稳定的主流过鱼通道；而随着大孔口宽度的减小，大孔层主流贴壁程度减小，小孔层的流速明显减小，大孔口宽度从 100 cm 减小至 40 cm 时，小孔最大流速从 1.3 m/s 减小至 0.97 m/s 左右。

根据上述计算结果，推荐的改进方案确定为封堵宽度 30 cm，大孔口宽度为 70 cm，同时将大孔口下方的小孔口向上延伸至大孔口下边缘，其典型流态见图 18。

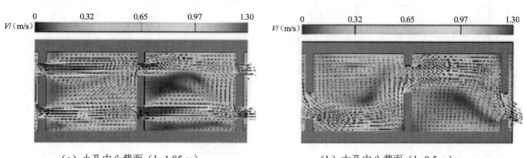

（a）小孔中心截面（h=1.85 m）　　　　　　（b）大孔中心截面（h=0.5 m）

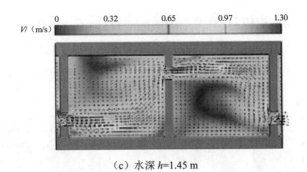

（c）水深 *h*=1.45 m

图18　封堵宽度 30 cm、大孔口宽度 70 cm 的流场分布

6.3　改建为竖缝式鱼道方案

前述研究成果表明，现鱼道布置方案中的鱼道池室水流结构存在一定问题，进行局部的体型优化后水流结构有所改善，但仍未能达到满意效果。为此，拟进行常规池室重建方案研究。

重建方案拟在保持常规池室长度 2.6 m 的基础上，取消现隔板布置方案，采用目前国内外比较通用的竖缝式鱼道布置方案。根据已有研究经验[10-12]，初步选定鱼道内部细部结构尺寸布置如下：常规水池长度 L=2.6 m，水池宽度 B=2 m，导/隔板厚度 d=0.2 m，竖缝导向角度 θ=45°，底板坡度 J=2%，运行水深 H_0=2 m，导/隔板墩头采用无钩状且钝化处理的结构，导/隔板墩头迎/背水面坡度取 1：1，导/隔板墩头背/迎水面坡度取 1：3，竖缝宽度 b=0.4 m，竖缝长度 l=0.1 m，导板长度 P=0.25B=0.5 m（见图19）。

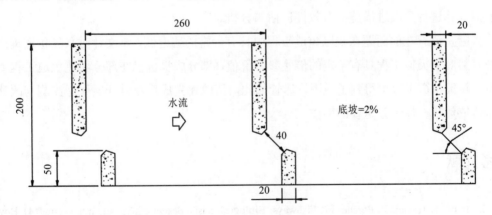

图19　竖缝式鱼道常规池室结构尺寸（单位：cm）

如图20所示，计算给出了水深 Z 为 0.25 H_0、0.5 H_0、0.75 H_0（分别记为表层、中层、底层）处竖缝式鱼道常规水池内部流场结构与流速分布。计算结果表明：竖缝式鱼道水流结构在不同水深层流场结构相似，具有典型的二元特性。在水池内主流大致居于水池中央，两侧分布尺度相当的回流区，为适宜鱼类上溯的水流结构，均能形成稳定的过鱼通道，能够适合不同鱼类沿不同水深通过。主流区流速大致分布在 0.5～1.1 m/s，回流区流速分布在 0～0.4 m/s，竖缝处附近流速为 0.8～1.1 m/s，最大值约为 1.1 m/s。

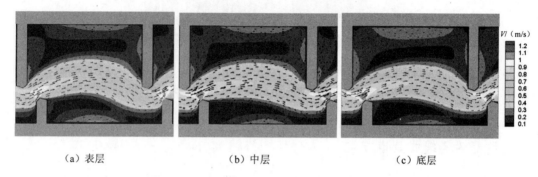

（a）表层　　　　　　（b）中层　　　　　　（c）底层

图 20　竖缝式鱼道常规水池流场分布（单位：m/s）

7　主要结论

通过现场查勘分析，分析总结了兴隆鱼道工程存在的主要问题包括厂房集鱼系统失效、右岸鱼道进口集鱼效果欠佳、下游河道下切导致鱼道进口段水深不足、鱼道出口段流速偏低以及池室流态过于复杂等方面。为此提出了一系列改建措施，包括厂房集鱼渠与右岸鱼道进口优化、延长鱼道长度、鱼道出口段增设隔板、优化池室结构体型等。并通过数值模拟计算进行了改进措施的有效性评估与分析。

兴隆鱼道存在的问题在我国鱼道工程中具有一定的普遍性，本文针对兴隆鱼道提出的改进方案对于类似工程具有一定的借鉴参考价值，部分成果也已在部分新建鱼道工程如碾盘山、新集鱼道工程中得到了应用，尽管如此，待改建完成后及时开展原型监测与改建效果评估依然是一件十分重要的工作。

参考文献

[1]　Larinier M，Travade F，Porcher J P. Fishways：Biological basis，design criteria and monitoring[M]. Boves：Food and Agriculture Organization of the United Nations，2002，364 suppl.：208.

[2]　Michel Larinier. 环境问题、大坝与鱼类洄游[J]. 罗马：联合国粮食及农业组织，2007.

[3]　南京水利科学研究所. 鱼道[M]. 北京：水利电力出版社，1982.

[4]　华东水利学院. 水工设计手册. 6. 泄水与过坝建筑物[M]. 北京：水利电力出版社，1982.

[5]　陈凯麒，常仲农，曹晓红，等. 我国鱼道的建设现状与展望[J]. 水利学报，2012，43（2）：182-188，197.

[6]　祁昌军，曹晓红，温静雅，等. 我国鱼道建设的实践与问题研究[J]. 环境保护，2017，45（6）：47-51.

[7]　曹娜，钟治国，曹晓红，等. 我国鱼道建设现状及典型案例分析[J]. 水资源保护，2016，32（6）：156-162.

[8]　长江勘测设计规划研究有限责任公司. 南水北调中线工程汉江兴隆水利枢纽鱼道单位工程验收设计工作报告[R]. 2013.

[9]　汪红波. 兴隆水利枢纽鱼道水力学数值模拟及结构优化设计[D]. 宜昌：三峡大学，2013.

[10]　徐体兵，孙双科. 竖缝式鱼道水流结构的数值模拟[J]. 水利学报，2009，40（11）：1386-1391.

[11]　边永欢，孙双科. 竖缝式鱼道的水力特性研究[J]. 水利学报，2013，44（12）：1462-1467.

[12]　张超，孙双科，李广宁. 竖缝式鱼道细部结构改进研究[J]. 中国水利水电科学研究院学报，2017，15（5）：389-396.

安谷水电站过鱼设施改造效果研究

张　祺[1]　施家月[1]　黄　滨[1]　周　武[1]　汤优敏[1]　孙钧键[1,2]

（1.中国电建集团华东勘测设计研究院有限公司，杭州 311000；2.三峡大学水利与环境学院，宜昌 443002）

摘　要：安谷水电站建成后运行水位变更，竖缝式鱼道和仿自然通道相应改造。研究人员测量了过鱼设施内的水位和流速，使用网捕法调查了生态河道和过鱼设施内的鱼类特征，分析了改造前后过鱼设施运行状况和水生生态调查结果的变化，结合前期水力学模型试验和鱼类游泳能力测试成果，得到以下主要结论：①改造后鱼道和通道的运行保证率大幅提高，水动力条件接近设计效果；②改造后调查区域内鱼类种类更丰富，部分洄游鱼类的种群数量明显增加，特别是捕捞到了此前未捕捞到的银鲴、白甲鱼等 14 种鱼；③安谷水电站生态河道放水闸竖缝式鱼道和仿自然通道的渔获物物种组成有明显差异，鱼道和通道有效互补。

关键词：过鱼设施；竖缝式鱼道；仿自然通道；安谷水电站；水生生态调查

1　引言

过鱼设施沟通了挡水建筑物阻隔的上下游水系，为鱼类提供洄游通道。常见的过鱼设施有技术型鱼道和仿自然通道。两者均需适应上下游水位变幅，在一定水位区间内都能正常发挥作用[1]。水位变幅较小时可允许鱼道内水深和流速在一定范围内波动；水位变幅较大时应考虑布置多个高程不同的出入口，在不同工况下选用。但一些过鱼设施未能充分考虑水位变化[2]，或者遇到设计变更，设计工况与实际运行工况不一致，需要进行改造[3-4]；也有些鱼道建成后根据监测结果，进行改造以优化水流结构[5-8]。

鱼道改造的典型研究案例有青海湖支流鱼道、汉江雅口航运枢纽鱼道、加拿大安大略省格兰德河丹尼尔鱼道。青海湖支流沙柳河、泉吉河、哈尔盖河建有 4 条鱼道，其中，泉吉河鱼道水流入口高程高于主河道，水流入口和闸板间有高 0.7 m 的斜坡，在水量较枯时，河水不能正常流入鱼道，建议拆除斜坡，下挖泉吉河鱼道[1]。汉江雅口航运枢纽鱼道改造工程中，魏萍等[3]优化了堰孔式鱼道进口段隔板，使之能够适应下游水位变动，优化后的隔板型式在下游水位为 0.8 m 时，能减缓鱼道进口附近池室水面线的陡降；鱼道进口段水深在 0.8~1.3 m 变动时，鱼道内水流条件仍能够满足鱼类上溯要求，鱼道适应下游水位变动的能力增加了 0.4 m。加拿大安大略省格兰德河鱼道左右岸各一条，无线电追踪结果显示，较多三文鱼被消力池尾坎下泄的水流吸引，较少三文鱼出现在左右岸鱼道入口附近，为此，改进了鱼道入口形式，将鱼道一侧挡墙从消力池尾坎下游缩短到尾坎上游，扩大入口，改造后标识回捕率显著增长，过鱼效果变好[5]。

从上述案例可以看出，过鱼设施改造是工程实践中常见的需求，已有技术手段可以较好地提出改造方案，优化过鱼设施进出口的水动力条件，满足鱼类洄游对水流条件的需求。已有研究多关注改造方案，部分研究比较了改造前后特定鱼类的通过率，但没有涉及改造前后的鱼类种类变化情况。

本文以安谷水电站左岸生态河道放水闸竖缝式鱼道和仿自然通道为案例，研究鱼道和通道改造前后水动力条件和鱼类种群变化趋势，并对比鱼道和通道中渔获物组成差异，推断鱼道和通道适用的鱼类种类范围。

2 研究区概况

安谷水电站库尾左侧生态河道放水闸右岸，建有一条竖缝式鱼道和一条仿自然通道（见图 1）。竖缝式鱼道由上至下由进口、鱼道池室、观测室、出口等组成，进口高程改造前 392.80 m，出口高程 397.74 m，鱼道全长 340.26 m，坡度 1.5%，鱼道宽度为 2.5 m，单个池室长度 3.2 m，共 102 个池室，由于鱼道坡度较小，不设休息室，竖缝宽 0.4 m，与鱼道轴线成 45°角；鱼道进口设计流速大于 0.2 m/s，竖缝流速设计流速为 1.0~1.5 m/s。仿自然通道布置在竖缝式鱼道东侧，进口高程改造前 393.80 m，出口高程 398.44 m，通道全长 392.53 m，坡度 0.1%~1.25%，通道内的水深为 0.44~1.09 m，宽度 3.0 m。通道进口段束窄断面，且布置蛮石槛，以营造一定的紊动，吸引上溯的鱼类，共设 84 处蛮石槛，断面平均设计流速为 0.4~0.9 m/s。

库尾水位低于设计值，鱼道和通道的流量和水位均低于设计值，有时甚至断流，运行保证率较低，因而进行了改造。设计正常蓄水位为 398 m，实际运行水位维持在 397 m 附近。2019 年，建设单位和设计单位提出对鱼道进行优化改造，根据库区多年运行水位情况，对放水闸竖缝式鱼道和仿自然通道出口高程进行优化调整，其中竖缝式鱼道需要凿混凝土深度为 27 cm，纵坡为 0.1%；仿自然通道需要凿混凝土深度为 37 cm，纵坡为 0.1%，对下游采用混凝土板渠道基本没有影响，竖缝式鱼道和仿自然通道的闸门门槽和底坎也进行了改造，闸门进行了加高，改造工程于 2020 年 5 月完成建设，经改造后，两个鱼道保持正常运行，现场如图 2 所示。

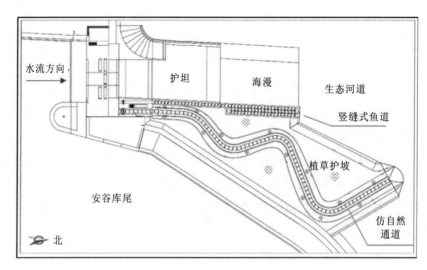

图 1　竖缝式鱼道和仿自然通道平面布置（图示区域宽度 378 m）

图 2　竖缝式鱼道（左）和仿自然通道（右）局部

3　研究方法

2016 年已开展第一次监测，2020 年改造后进行第二次监测，以验证改造效果。实验内容包含流速水深测量和鱼类种群调查。

3.1 流速水深测量

采用 LS1206B 型螺旋桨流速仪对鱼道进口、竖缝流速进行测量;采用测深杆对鱼道池室水深进行测量。将测试的水文数据与设计参数对比,以评估鱼道是否正常运行。鱼道正常运行保证率为鱼道正常运行天数与监测天数的比值。

3.2 鱼类种群调查

采用地笼网和 3 层丝网(网孔大小 1～3 指)在竖缝式鱼道、仿自然通道、鱼道进口下游 1 km 附近生态河道开展鱼类资源调查。记录每次调查所使用的网具种类和数量。渔获物调查时间为 6—9 月。

鱼类捕捞起来后,依据《四川鱼类志》[9]对渔获物种类进行鉴定和分类。采用直尺测量鱼类全长和体长。

4 结果和讨论

4.1 流速水深

2020 年的监测结果显示,监测期间竖缝式鱼道进口流速为 0～0.37 m/s;竖缝流速为 0.21～0.89 m/s(第 46# 池室);池室水深为 7～132 cm(第 82# 池室);仿自然鱼道内部流速在 1～1.66 m/s。

以鱼道池室水位作为标准,池室水位大于 40 cm 视为正常运行。鱼道设计水位为 1 m,但该河段鱼类多为小型鱼类,40 cm 池室水深已能满足其上溯。经统计,监测期间正常运行天数为 65 d,竖缝式鱼道正常运行保证率为 85.3%。仿自然通道运行情况良好,水量充沛,正常保障率为 100%。

2017 年的监测结果显示,1# 仿自然通道入口附近水深较浅,不足 1.0 m,受上游水位的影响,通道内水流不连续,呈现间歇性有水的情况;竖缝式鱼道内部水流情况与仿自然通道情况基本一致,竖缝式鱼道进口长期处于淹没状态,进口处呈现回流现象,竖缝式鱼道出口附近水深最大为 30 cm,竖缝口流速 0.6 m/s,池室壁附近流速 0.1 m/s,池室内流速基本呈紊乱状态,鱼道内的水流受水位影响较为明显,一般是上午 9:00 左右鱼道内开始有水流,至下午 3:00 左右鱼道内水流逐渐减小直至部分区域无水。部分时段水位较出口高程低,导致鱼道在运行期间部分时间段出现无水情况。

2020 年的运行状况较 2017 年明显好转,降低上游水流入口的高程改善了鱼道和通道内的水动力条件。

4.2　鱼类种群特征

两次 3 个区域的鱼类种群调查结果见表 1。2017 年鱼道和通道不具备进行网捕的条件，仅调查了鱼道和通道进口附近的生态河道区域；2020 年调查了鱼道和通道进口附近生态河道、鱼道内部和通道内部 3 个区域。这两次 3 个区域的调查结果，蕴含着鱼类种群时空分布特征和变化规律，但限于调查次数较少，部分鱼种捕获数量较少，受到随机性的影响较大，下文讨论较显著的规律，并根据鱼类习性分析潜在的原因。

2017—2020 年调查区域内鱼类种类变丰富。2017 年，调查发现生态河道有鱼类 26 种，隶属 3 目 7 科；2020 年，调查发现生态河道、鱼道和通道 3 个区域共有鱼类 35 种，隶属 3 目 7 科。其中，2017 年未调查到、2020 年新增的鱼类有鲤、银鮈、花䱻、白甲鱼、中华倒刺鲃、宽口光唇鱼、鲢、泥鳅、红尾副鳅、贝氏高原鳅、短体副鳅、峨眉后平鳅、中华鳅、粗唇鮠等 14 种；2017 年调查到、2020 年未调查到的鱼类有黑鳍鳈、似鳡、镜鲤、黑尾鲏、中华纹胸鮡等 5 种。

2020 年调查中新增的 14 种鱼类，鲤科占 7 种，鳅科占 5 种，鲇科和鲿科各 1 种。其中，鲤鱼、白甲鱼、鲢鱼等在生活史中有洄游行为，鱼道和通道的正常运行对其种群繁衍有积极影响。当前鱼道和通道正常运行时间较短，现有证据无法证明这些鱼类数量上升的原因，但仍然可以推定一系列的水生生态保护措施起到了积极作用。为了进一步确定各种措施造成的具体影响，需要更多更详尽的调查结果。

生态河道、竖缝式鱼道和仿自然通道 3 个调查区域，鱼类种群数量的差异反映了鱼类对生境的选择偏好。有些鱼类不使用鱼道或通道，有些鱼类仅使用鱼道和通道的一种，有些鱼类同时使用鱼道和通道。鲤鱼、鲫鱼、银鮈、泥鳅、瓦氏黄颡鱼和粗唇鮠在下游生态河道发现较多，但未在鱼道或通道中发现，可以认为这些鱼类在调查时段不使用鱼道。麦穗鱼、短须颌须鮈、裸腹片唇鮈和子陵吻鰕虎鱼在生态河道和鱼道中发现较多，而在通道中没有发现或发现较少。白甲鱼、白缘鲏、光泽黄颡鱼和福建纹胸鮡在生态河道和通道中发现较多，而在鱼道中没有发现或发现较少。宽鳍鱲、花䱻和凹尾拟鲿在 3 个调查区域均较多，可以认为这些鱼类对水流条件不挑剔。值得注意的是，贝氏高原鳅在鱼道中较多，在通道中较少，没有在生态河道中捕捞到。

造成鱼类空间分布差异的原因较复杂，水动力条件和鱼类生活习性可以解释部分现象。仿自然通道流速较大，游泳能力强且喜流水的鱼类较多，典型的如白甲鱼[10-11]；但并非所有在仿自然通道捕获的鱼都有很强的游泳能力，如蛇鮈，可能是从上游被水流冲进通道。竖缝式鱼道中发现较多子陵吻鰕虎鱼，该鱼有洄游习性，适应能力强[12]，本次调查结果表明该鱼很可能利用竖缝式鱼道进行洄游，但因游泳能力有限，无法利用仿自然通道。

表1　2017年与2020年生态河道、竖缝式鱼道和仿自然通道渔获物种类

编号	种类	2017年生态河道		2020年生态河道		2020年竖缝式鱼道		2020年仿自然通道	
		数量/尾	体长/cm	数量/尾	体长/cm	数量/尾	体长/cm	数量/尾	体长/cm
一	鲤形目 CYPRINIFORMES								
(一)	鲤科 Cyprinidae								
1	鲤 Cyprinus carpio			6	10.5~46.5				
2	马口鱼 Opsariichthys bidens	5	9.1~13.7	2	9.4~9.5	2	9.2~11.1		
3	宽鳍鱲 Zacco platypus	60	7.2~11.8	30	6.8~14.1	22	3.4~12.5	6	6.1~12.7
4	鳘 Hemiculter leucisculus	1	8.4	2	6.4~7.5	1	—		
5	棒花鱼 Abbottina rivularis	3	6.4~7.2	20	3.5~7.8				
6	麦穗鱼 Pseudorasbora pava	15	4.8~7.5	38	5.5~17.9	3	3.5~4.9		
7	黑鳍鳈 Sarcocheilichthys nigripinnis	16	5.4~6.8	28	4.8~10.5				
8	鲫 Carassius auratus	2	6.6~11.3	364	5.7~13.5				
9	短须颌须鮈 Gnathopogon imberbis	14	6.6~9.7	57	4.7~7.6	10	3.2~5.7	1	—
10	蛇鮈 Saurogobio dabryi	187	5.8~13.3	13	4~7.6	42	6.9~17.8	1	—
11	银鮈 Squalidus argentatus	3	6.9~15.6	15	6.5~12.1				
12	裸腹片唇鮈 Platysmacheilus nudiventris	61	5.5~7.2	82	6.2~31.5	21	2.9~7	2	6.6~6.7
13	花餶 Hemibarbus maculatus	1				4	5.8~13	4	6.8~8.7
14	唇餶 Hemibarbus labeo	3		1	—				
15	似鮈 Belligobio nummifer	1	11.1						
16	翘嘴鲌 Culter alburnus Basilewsky	1	11.5	3	12.4~20.6				
17	镜鲤 Cyprinus carpio var. specularis	1	24.2						
18	泉水鱼 Semilabeo prochilus	3	4.9~11.2					1	—
19	中华鳑鲏 Rhodeus sinensis Günther	5	3.8~4.5	1	8.2~13.5	1	—		
20	白甲鱼 Onychostoma sima			5	8.2~13.5			4	8.1~12.3
21	中华倒刺鲃 Spinibarbus sinensis								
22	宽口光唇鱼 Acrossocheilus monticolus			1	—	1	—		

编号	种类	2017年生态河道		2020年生态河道		2020年竖缝式鱼道		2020年仿自然通道	
		数量/尾	体长/cm	数量/尾	体长/cm	数量/尾	体长/cm	数量/尾	体长/cm
23	鲢 Hypophthalmichthys molitrix					1	—		
(二)	鳅科 Cobitidae								
24	泥鳅 Misgurnus anguillicaudatus			11	10.3~14.3				
25	大鳞副泥鳅 Paramisgurnus dabryanus	5	9.3~13.2	5	11.1~16.3				
26	红尾副鳅 Paracobitis variegatus							2	11.5~11.7
27	贝氏高原鳅 Trilophysa bleekeri (Sauvage et Dabry)					27	3.4~5.7	5	4.5~5.3
28	短体副鳅 Paracobitis potanini (Gunther)							1	—
29	峨眉后平鳅 Metahomaloptera omeiensis							1	—
二	鲇形目 SILURIFORMES								
(三)	鲇科 Siluridae								
30	鲇 Silurus asotus Linnaeus	1	29.8	2	22.2~23.4			1	—
31	中华鲇 Pareuchiloglanis sinensis			1	—				
(四)	钝头鮠科 Amblycipitidae								
32	黑尾鮠 Liobagrus nigricauda	2	11.8~13.3						
33	白缘鮠 Liobagrus marginatus	2	7.9~11.6	11	8.5~14.1			10	5.9~85
(五)	鲿科 Bagridae								
34	瓦氏黄颡鱼 Pelteobagrus vachelli	15	5.6~10.0	15	6.6~20.3				
35	光泽黄颡鱼 Pelteobaggrus nitidus	13	6.2~11.8	397	1.5~20.4			32	7~18.6
36	凹尾拟鲿 Pseudobagrus emarginatus	11	7.6~11.8	116	5.2~12.4	6	6.2~8.5	27	4.1~11.3
37	粗唇鮠 Leiocassis crassilabris			6	7.8~9.4				
(六)	鳅科 Sisoridae								
38	福建纹胸鮡 Glyptothorax fukiensis	11	6.1~10.1	31	4.8~9.9			12	5.6~102
39	中华纹胸鮡 Glyptothorax sinense	1	9.5						
三	鲈形目 PERCIFORMES								
(七)	鰕虎鱼科 Gobiidae								
40	子陵吻鰕虎鱼 Rhinogobius giurinus	1	5.8	1	—	7	3.8~5.6		

白甲鱼和子陵吻鰕虎鱼分别利用仿自然通道和竖缝式鱼道，且调查到的数量较可观，规律较显著，可以认为鱼道和通道适用的鱼类种类范围是互补的。

5 结论和展望

5.1 结论

本文先从水动力情况入手，对比竖缝式鱼道和仿自然通道改造前后的差异；然后，审慎地分析鱼类生态调查结果，选取具有统计学显著性的数据进行分析，得到以下主要结论：

（1）降低上游段底板高程后，安谷水电站生态河道放水闸鱼道和通道的运行保证率大幅提高，水动力条件接近设计效果；

（2）鱼道和通道改造后，调查区域内鱼类种类更丰富，部分洄游鱼类的种群数量明显增加，特别是捕捞到了该区域此前未捕捞到的银鮈、白甲鱼等 14 种鱼；

（3）安谷水电站生态河道放水闸竖缝式鱼道和仿自然通道的渔获物物种组成有明显差异，鱼道和通道有效互补。

5.2 展望

鱼类生态调查受随机性的影响较大，给过鱼设施效果评估带来困难，今后可多次开展调查，降低随机误差的干扰。

网捕法无法确定过鱼设施中鱼类运动的方向，今后可使用无线电或声学示踪法，研究下游生态河道中洄游鱼类的运动轨迹，得到过鱼设施集鱼和过鱼的有效性。

子陵吻鰕虎鱼没有被人工驯化，可用于评估生境破碎化程度[13]。今后可在大渡河下游开展子陵吻鰕虎鱼遗传多样性研究，评估过鱼设施实现上下游鱼类基因交流的有效性。

参考文献

[1] 段鸿锋，孙治才，赵绍熙，等. 高水位变幅鱼道进口布置水力学试验研究[J]. 水电能源科学，2020，38（1）：116-118，73.

[2] 张宏，史建全. 青海湖裸鲤过鱼通道存在问题及改造建议[J]. 中国水产，2009（6）：24.

[3] 魏萍，王晓刚，何飞飞，等. 适应下游水位变动的堰孔式鱼道进口段隔板优化研究[J]. 水利水电技术（中英文），2021，52（4）：143-152.

[4] 包中进，王斌，史斌，等. 浙江省鱼道建设现状及典型工程分析[J]. 浙江水利科技，2020，48（1）：35-39.

[5] BUNT C M. Fishway entrance modifications enhance fish attraction[J]. Fisheries Management and
     Ecology，2001，8（2）：95-105.

[6] MARRINER B A，BAKI A B M，ZHU D Z，et al. Field and numerical assessment of turning pool
     hydraulics in a vertical slot fishway[J]. Ecological Engineering，2014，63：88-101.

[7] MARRINER B A，BAKI A B M，ZHU D Z，et al. The hydraulics of a vertical slot fishway: A case study
     on the multi-species Vianney-Legendre fishway in Quebec，Canada[J]. Ecological Engineering，2016，90：
     190-202.

[8] BRAVO-CÓRDOBA F J，FUENTES-PÉREZ J F，VALBUENA-CASTRO J，et al. Turning pools in
     stepped fishways: Biological assessment via fish response and CFD models[J]. Water（Switzerland），2021，
     13（9）：1-21.

[9] 丁瑞华. 四川鱼类志[M]. 成都：四川科学技术出版社，1994.

[10] 丁少波，施家月，黄滨，等. 大渡河下游典型鱼类的游泳能力测试[J]. 水生态学杂志，2020，41（1）：
     46-52.

[11] 汪玲珑，王从锋，寇方露，等. 北盘江四种鱼类临界游泳速度研究[J]. 三峡大学学报：自然科学版，
     2016，38（1）：15-19.

[12] JU Y M，WU J H，KUO P H，et al. Mitochondrial genetic diversity of *Rhinogobius giurinus*（Teleostei：
     Gobiidae）in East Asia[J]. Biochemical Systematics and Ecology，2016，69：60-66.

[13] 丁雪梅，颜岳辉，李强，等. 南盘江破碎生境中子陵吻虾虎鱼的遗传多样性[J]. 水产科学，2020，
     39（6）：852-862.

一种为过鱼设施提供高效诱鱼水流的装置及计算方法

侯轶群 李阳希 陈小娟 陶江平

（水利部中国科学院水工程生态研究所，水利部水工程生态效应与生态修复重点实验室，武汉 430079）

摘 要：过鱼设施进口的出流动量是鱼类能否顺利找到进鱼口的关键。针对过鱼设施吸引鱼水流的特殊需求，提出了一种无须电能驱动，仅引用库区一股高水头、小流量水流，通过设备结构进行能量转化，提供诱鱼水流的方法及装置。经过实验室测试，该装置引用一股 70 m 水头、0.002 m^3/s 的水流，在进入射流泵后通过负压吸引泵体周围水流，在出水口形成一道 0.024 m^3/s（流量增大了 10 倍）、0.4～0.6 m/s（鱼类喜好流速）的喷射水流。该技术可实现将上游水体的重力势能直接转化为下游诱鱼水流的动能，能量利用率变高。且无须额外敷设任何能量驱动，具有噪声小、占地面积少、清洁性高、使用灵活等特点。

关键词：鱼道进口；诱鱼水流；射流泵；节能

大坝的建设对河道水体内鱼类的栖息及繁衍造成影响，水利大坝工程建设可缓解江河下游洪涝灾害，调蓄下游水资源及获得清洁能源，但是其将天然河道分割成上、下两个单元，切断了鱼类的洄游通道，影响了鱼类种群的基因交流。过鱼设施作为拦河建筑物的重要生态补偿措施，受到越来越高的重视[1-3]。其中，进口布设始终是设计的重中之重和技术难题，现代鱼道失败案例很多被归因为鱼类找不到进口、进入难度大[4]。过鱼设施进口尺寸小，仅占大坝宽度的 1% 不到，二维平面上的体量相当于"针眼"，小尺寸、小流量的鱼道进口出流相对主流的竞争性弱，鱼类难以有效感知。为解决这一问题，在进口出流的基础上附加一部分诱鱼水流，是提高诱鱼率的一个重要工程手段。国外导则[5]指出，总诱鱼水流（进口出流+附加诱鱼水流）的竞争性主要取决于动量（动量=射流速度×单位时间的水体质量），动量越大，射入电站尾水产生的影响越广，被鱼类感知到的概率就越大。其中，射流速度不可太大，应尽量落在鱼类的趋流速度范围内，单位时间的水体质量即流量指标的大小则是越大越容易吸引鱼类。现过鱼设施诱鱼水流一般来自以下两类[6]：

（1）从坝上水库直接引用：由于坝体上游和下游高度差的存在，若直接引库区水至下游的流速往往达 10 m/s 以上，而诱鱼水流一般所需流速为 0.4～0.6 m/s，因此需要消能降低流速才能作为诱鱼水流，既浪费能量，又需另外敷设消能设施。

（2）坝下进口附近设泵站机组：现有的过鱼设施诱鱼水流多是由设在进口附近的轴流泵组直接在下游河道抽水加压产生大流量的诱鱼水流，泵体将电能转化为大流量、适宜流速的诱鱼水流的动能，为了产生足够大的诱鱼水流，需要耗费大量的电能。

为了解决上述问题，本文提出了一种不需要电能的射流泵替换原有的轴流泵，仅引用坝上高水头的一股小水流作为动力液，通过射流泵结构吸引周围水体在出水口处一股大流量、适宜流速的诱鱼水流，能量过程为将重力势能转换为水体动能。相较于轴流泵的高水头重力势能发电→电能→水体动能的能量转化过程[7]，采用射流泵直接将高水头重力势能转化为水体动能，因此具有能量利用率高，噪声小、占地面积少、清洁性高等优势。

1 设备设计参数

本文是基于射流泵提供诱鱼水流的方法。射流泵虽名为泵，但其不同于常规意义上的轴流泵，不需要电能驱动。射流泵的主要作用是通过内部结构和水压，改变出入流的运行水头和流量分配，在工业、农水等领域具有一定的应用[8]。但在过鱼设施诱鱼水流的特定使用中，目前尚无商业产品，需根据工作水头、所需流量、流速进行设计和定制。

射流泵的基本结构如图 1 所示：

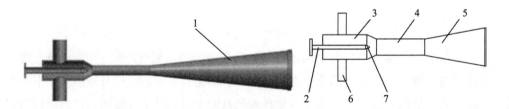

（1.射流泵；2.工作管；3.流体混合管；4.喉管；5.扩散管；6.吸水口；7.喷嘴）

图 1　射流泵结构剖面图

其关键设计参数的确定如下。

根据诱鱼流量 Q_g 和诱鱼流速 v，获得射流泵基本设计参数选用射流泵的步骤包括：

（1）求出射流泵中喉管与喷嘴的最优面积比 m_y：

$$m_y = \frac{0.95\varphi_1^2}{h + 0.03\varphi_1^2} \tag{1}$$

$$h = \frac{h_c}{h_0} \qquad (2)$$

$$h_c = \frac{0.5\rho v^2}{\rho g} \qquad (3)$$

式中，h_c 为射流泵出口扬程，Pa；h_0 为引入射流泵的动力液扬程，即坝上引用水的水头，m；φ_1 为喷嘴流速系数，取值范围为 0.95～0.975；ρ 为水的密度，1 000 kg/m³；v 为诱鱼流速，m/s。

（2）将 m_y 替换 m，并根据 m_y 的大小，代入式（4）、式（5），求性能系数 h_1 和 q_0：

当 $m=1\sim3$ 时

$$q_0 = (5m - 0.944\,5)^{0.5} - 1.75 \qquad h_1 = 2.667 - 0.002\,3 \times (m + 26.07)^2 \qquad (4)$$

当 $m=3\sim40$ 时

$$q_0 = (5m - 0.94)^{0.5} - 1.7 \qquad h_1 = 1.45\,m^{-0.892} \qquad (5)$$

（3）将求出的性能系数 h_1 和 q_0 代入式（6），求射流泵吸入流体与动力液体的体积比 q：

$$\frac{h}{\varphi_1^2} = \frac{h_1}{q_0}q_0 - q \qquad (6)$$

$$q = \frac{Q_s}{Q_0} \qquad (7)$$

$$Q_g = Q_s + Q_0 \qquad (8)$$

式中，Q_s 为被吸入流体体积流量；Q_0 为动力液体积流量，根据诱鱼流量 Q_g 及体积比 q 求出射流泵流体体积 Q_s 和动力液体积 Q_0。

最后以基本设计参数 q、h、m_y、Q_s、Q_0 作为参数设计合适规格的射流泵。

2　轴流泵与射流泵耗能比较

2.1　传统水泵提供诱鱼水流耗能计算

传统水泵提供诱鱼流场，其能量转换过程为利用大坝上下游水头差带动水轮机发电，通过电力线路将电能传输给电动机，电动机通过联轴器带动水泵旋转，将水流抽吸到需要的流速，将电能转换为水流的机械能。

本文在实验室开展了基于射流泵诱鱼的研发，设诱鱼流量为 0.024 m³/s，诱鱼流速为

0.4～0.6 m/s，该指标也作为传统水泵制造诱鱼水流的目标值。

根据一般的能耗统计，传统水泵诱鱼最小的能量损耗如下：水力发电机组平均效率取85%，电动机的平均效率取90%，线路传输损失暂且不考虑，联轴器的效率取100%，水泵效率取70%，水泵的功率备用系数 K 取1.5，根据目标值选取的轴流泵的工作扬程为3 m，所需要消耗的能量计算[7]如下：

$$P = \frac{K\rho gQH}{\eta_{水轮机组}\eta_{传输线路}\eta_{电动机}\eta_{联轴器}\eta_{水泵}} \tag{9}$$

式中，$\eta_{水轮机组}$=0.85；$\eta_{传输线路}$=1；$\eta_{电动机}$=0.9；$\eta_{联轴器}$=1；$\eta_{水泵}$=0.7；K=1.5；ρ=1 000 kg/m³；g=9.8 m/s²；Q=0.024 m³/s；H=3 m。

代入式（9）计算得出轴流泵最终所需的能耗为1.976 kW。

2.2　射流泵耗能计算

同样地，诱鱼水流目标值流量 Q_g 为 0.024 m³/s，诱鱼流速 v 为 0.4～0.6 m/s，设在 70 m 水头的大坝工程下使用：

通过式（3）求出射流泵出口扬程 h_c=0.008～0.018 m，代入式（1）求出 m_y=31.53～31.54；再将其代入式（4）、式（5）求出 q_0=10.819～10.83、h_1=31.487～31.503；再将 q_0 和 h_1 代入式（6），求出 q=10.819～10.82；最后根据式（7）、式（8）求出动力液体积流量 Q_0=0.002 m³/s，吸入液吸入流体体积流量 Q_s=0.022 m³/s。

所需要消耗的能量计算[9]如下：

$$P = \rho gQ_0 h_0 \tag{10}$$

式中，ρ=1 000 kg/m³，g=9.8 m/s²，Q_0=0.002 m³/s，h_0=70 m。

最终求得射流泵所需耗能为 1.396 kW，其能耗优于轴流泵直接供水的能耗，仅相当于水泵供水能耗的 71%。

2.3　试验情况

基于以上设计，本研究研制了样机，并在实验室开展了测试：引一股 0.002 m³/s 的 70 m 水头的水流进入射流泵，在流场中营造出了 0.024 m³/s、0.4～0.6 m/s 流速的诱鱼水流，实验结果表明流速、流量均达到了设计预期值，下一步拟在过鱼设施中推广使用，有望解决目前高坝过鱼设施诱鱼面临的技术难题。

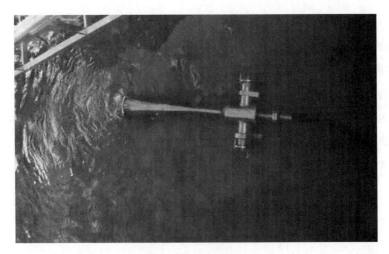

图 2　诱鱼射流泵

3　结论与展望

该射流泵有效利用中高水头落差水体作为动力液,通过射流泵这个"水力变压器"吸入周围水体,喷射出大流量、适宜流速的诱鱼水流,以诱导鱼类洄游至过鱼设施进口处[10-11];通过对装置和传统的轴流泵耗能计算对比,射流泵能耗优于轴流泵直接供水的能耗,仅相当于水泵供水能耗的71%,有效地解决了直接在拦河坝下游通过离心泵制造诱鱼水流时能耗过高、噪声大等问题。在实际使用过程中,该装置仅从坝上水体中引用流量较小的动力液,对枢纽工程的水量分配的影响较小;除此之外,还可根据实际情况将多台射流泵进行水平向、垂直向的并联布置,使用非常灵活,在过鱼设施诱鱼项目中具有良好的应用前景。

参考文献

[1]　曹娜,钟治国,曹晓红,等. 我国鱼道建设现状及典型案例分析[J]. 水资源保护,2016,32(6):156-162.

[2]　陈凯麒,葛怀凤,郭军,等. 我国过鱼设施现状分析及鱼道适宜性管理的关键问题[J]. 水生态学杂志,2013,34(4):1-6.

[3]　周应祺. 应用鱼类行为学[M]. 北京:科学出版社,2011.

[4]　谭红林,谭均军,石小涛,等. 鱼道进口诱鱼技术研究进展[J]. 生态学杂志,2021,40(4):1198-1209.

[5]　Bates K. Fishway guidelines for Washington State. Washington Department of Fish and Wildlife[EB/OL].(2020-11-03)[2020-11-03]. https://wdfw.wa.gov/sites/default/files/publications/00048/wdfw00048.pdf.

[6] 谢春航，安瑞冬，李嘉，等. 鱼道进口布置方式对集诱鱼水流水力学特性的影响研究[J]. 四川大学学报：工程科学版，2017（S2）：8.

[7] 华中工学院水机教研组. 轴流泵[M]. 北京：机械工业出版社，1976.

[8] 陆宏圻. 射流泵技术的理论及应用[M]. 北京：水利电力出版社，1989.

[9] 练远洋. 大型低扬程泵站泵装置能量性能计算方法研究及应用[D]. 扬州：扬州大学，2017.

[10] 谭杰，朱劲木，龙新平. 液体射流泵喷嘴长径比的数值分析[J]. 水电能源科学，2019，37（9）：151-154.

[11] 金志军，单承康，崔磊，等. 过鱼设施进口及吸引流设计[J]. 水资源保护，2019，35（6）：145-154.

雅砻江桐子林水电站施工期与运行期浮游藻类变化分析

刘小帅　徐　丹　宋以兴　李天才　邓龙君

（雅砻江水电开发有限公司，成都 610000）

摘　要：对桐子林水电站施工期（2014 年 6 月）和运行期（2020 年 5 月）的坝址、安宁河口、雅砻江河口断面水体理化性质和浮游藻类进行了监测。结果表明：施工期和运行期水质有一定变化，但均为 Ⅰ～Ⅱ类水质，水质很好，属于寡营养水体；施工期监测有浮游藻类 189 种，运行期则下降至 109 种，但运行期浮游藻类密度和生物量分别升高 1 181.3% 和 443.4%，涨幅显著；施工期和运行期浮游藻类结构相似，均以硅藻为绝对优势类群，其密度和生物量占比超 95%，其次为绿藻和蓝藻；pH、总氮和高锰酸盐指数是影响施工期和运行期浮游藻类群落结构的主要环境因子，其中 pH、总氮为限制性环境因子，而高锰酸盐指数为抑制性环境因子。由此可见，施工期和运行期水质状况和浮游藻类结构未发生明显变化，需要持续监测水质理化性质和浮游藻类动态变化，重点关注 pH 和总氮含量。

关键词：雅砻江；桐子林水电站；浮游藻类；变化分析

1　引言

　　雅砻江是金沙江第一大支流，水能资源蕴藏量丰富，是国家规划的十三大水电基地之一，2015 年流域最下游梯级电站桐子林水电站建成投运。有关雅砻江中下游江段浮游动物[1]、底栖动物[2]等的研究已有文献报道，但有关浮游藻类的研究相对较少。浮游藻类多为单细胞结构，对水体环境因子的变化极为敏感，可作为水体环境变化的指示生物，也能较好地反映水质生态条件和营养状态[3-5]。本文对桐子林水电站施工期与运行期浮游藻类变化进行比较分析，旨在为水电工程的水生生物保护提供基础数据和科学依据。

2 材料与方法

2.1 采样时间与断面

桐子林水电站坝址位于二滩电站下游 18 km 处，上距安宁河口约 2.5 km。分别对桐子林水电站施工期（2014 年 6 月）和运行期（2020 年 5 月）的雅砻江河口（采样点 1）、坝址（采样点 2）、安宁河口（采样点 3）3 个断面进行水体和浮游藻类采样监测（见图 1）。

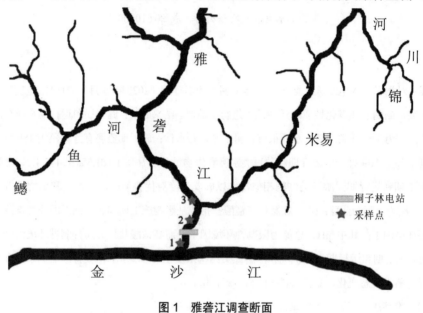

图 1　雅砻江调查断面

2.2 水质理化性质测定

水体理化指标测定按照《水环境检测规范》（SL 219—98）和《水库渔业资源调查规范》（SL 167—96）进行。水温和溶解氧使用 YSI55 型溶氧仪现场测定；pH 值使用便携式 pH 计现场测定；高锰酸盐指数、总氮、氨氮、总磷、悬浮物等环境因子参照《水和废水监测分析方法（第四版）》[6]分别进行测定。

2.3 浮游藻类样本采集与制备

浮游藻类的采集包括定性采集和定量采集。定性采集采用 25 号筛绢制成的浮游生物网在水中拖曳采集。定量采集则采用 2 500 mL 采水器取上层、中层、下层水样，经充分混合后，取 2 000 mL 水样，加入鲁哥氏液固定，经过 48 h 静置沉淀，浓缩至约 30 mL 后保存待检。水深在 3 m 以内、水团混合良好的水体，采表层（0.5 m）水样；水深 3～10 m 的水体，分别取表层（0.5 m）和底层（离底 0.5 m）2 个水样；水深大于 10 m，隔 2～5 m 或更大距离采样 1 个水样。

计数用水样立即用 10 mL 鲁哥氏液加以固定（固定剂量为水样的 1%），观察鉴定种类采用 25 号筛绢制成的浮游生物网进行定性采集。沉淀和浓缩在筒形分液漏斗中进行，在直径较大的容器（如 1 L 水样瓶）中经 24 h 的静置沉淀，然后用细小玻管缓慢地吸去 1/5～2/5 的上层的清液，再静置沉淀 24 h，再吸去部分上清液。

2.4　浮游藻类鉴定、计数及数据处理

将样品浓缩、定量至约 30 mL，摇匀后吸取 0.1 mL 样品置于 0.1 mL 计数框内，在显微镜下按视野法计数，每个样品计数 2 次，取其平均值，每次计数结果与平均值之差应在 15% 以内。浮游藻类种类鉴定主要参照《中国淡水藻类》[7]、《中国内陆水域常见藻类图谱》[8]、《中国常见淡水浮游藻类图谱》[9]、《三峡库区重庆段长江浮游生物图谱》[10]等资料。

每升水样中浮游藻类数量的计算公式：

$$N = (Cs/Fs \cdot Fn) \cdot (V/v) \cdot Pn$$

式中，N 为 1 L 水中浮游藻类的数量，ind/L；Cs 为计数框的面积，mm^2；Fs 为视野面积，mm^2；Fn 为每片计数过的视野数；V 为 1 L 水样经浓缩后的体积，mL；v 为计数框的容积，mL；Pn 为计数所得个数，ind。

3　结果与分析

3.1　水质理化指标

由表 1 可知，桐子林水电站施工期和运行期安宁河口、坝址、雅砻江河口断面水温（WT）和 pH 值没有明显变化，水体的溶解氧、总氮、总磷及氨氮在运行期显著低于施工期，而悬浮物和高锰酸盐指数在施工期显著高于运行期。根据《地表水环境质量标准》（GB 3838—2002），桐子林水电站施工期安宁河口、坝址、雅砻江河口位置水体均处于Ⅰ～Ⅱ类水质标准范围内，属于寡营养水体。

表 1 雅砻江调查断面水体理化特征

	安宁河口		坝址		雅砻江河口	
	施工期	运行期	施工期	运行期	施工期	运行期
温度/℃	16.0[a]	16.3[a]	16.6[a]	16.2[a]	16.8[a]	15.9[a]
pH	8.12[a]	8.28[a]	8.12[a]	8.24[a]	8.12[a]	8.30[a]
溶解氧/（mg/L）	7.9[a]	7.59[a]	8.00[a]	7.06[a]	8.4[a]	7.79[a]
悬浮物/（mg/L）	11[a]	1.6[b]	35[a]	4.2[b]	33[a]	1.8[b]
总氮/（mg/L）	0.2[a]	0.474 9[b]	0.28[a]	0.509 3[b]	0.3[a]	0.474 1[b]
总磷/（mg/L）	0.02[a]	0.016 0[b]	0.05[a]	0.019 3[b]	0.04[a]	0.019 5[b]
高锰酸盐指数/（mg/L）	1.12[a]	0.381[a]	1.28[a]	0.457[a]	1.46[a]	0.594[a]
氨氮/（mg/L）	0	0.098 2	0	0.130 4	0	0.059 5

注：上标中字母相同，表示差异不显著；字母不相同，表示差异显著。

3.2 浮游藻类群落结构及优势类群

3.2.1 浮游藻类种类及优势类群

桐子林水电站施工期共调查到浮游藻类 9 门 189 种（含变种），运行期则有 7 门 109 种（见表 2）。桐子林水电站施工期和运行期浮游藻类种类结构相似，均以硅藻、绿藻和蓝藻门藻类为主，合计超过 90%；其他藻类占比均低于 5%，为偶见类群。

表 2 雅砻江调查断面浮游藻类种类组成

	施工期		运行期	
	种数/种	百分比/%	种数/种	百分比/%
蓝藻	39	20.63	15	13.76
红藻	1	0.53	0	0
隐藻	1	0.53	2	1.83
甲藻	1	0.53	4	3.67
金藻	2	1.06	3	2.75
硅藻	97	51.32	55	50.46
裸藻	3	1.59	2	1.83
绿藻	44	23.28	28	25.69
轮藻	1	0.53	0	0
共计	189	100	109	100

3.2.2 浮游藻类密度

由表3可知,桐子林水电站施工期各调查断面主要浮游藻类平均密度为 115 859 ind/L,其中硅藻门占 89.64%、蓝藻门占 5.28%、绿藻门占 8.08%［见图2（a）］;运行期各调查断面主要浮游藻类平均密度为 1 484 445 ind/L,其中硅藻门占 61.08%、蓝藻门占 32.04%、绿藻门占 6.88%［见图2（b）］。与施工期相比,运行期浮游藻类总密度升高 1 181.3%。

表3 雅砻江调查断面主要浮游藻类密度统计 单位：ind/L

	安宁河口		坝址		雅砻江河口		平均	
	施工期	运行期	施工期	运行期	施工期	运行期	施工期	运行期
蓝藻密度	4 610	600 000	4 690	0	9 036	826 667	6 112	475 556
硅藻密度	63 200	1 040 000	107 604	760 000	140 754	920 000	103 852	906 667
绿藻密度	3 302	120 000	5 038	106 667	9 344	80 000	5 895	102 222
藻类总密度	71 112	1 760 000	117 332	866 667	159 134	1 826 667	115 859	1 484 445

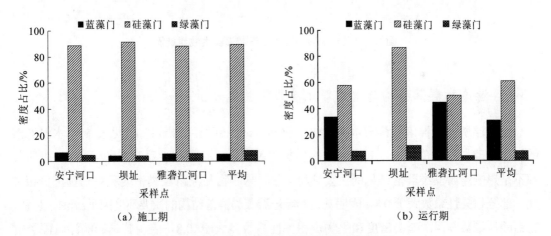

（a）施工期 （b）运行期

图2 雅砻江调查断面主要浮游藻类密度比例

3.2.3 浮游藻类生物量

由表4可知,桐子林水电站的施工期各调查断面主要浮游藻类平均生物量为 0.357 4 mg/L,其中硅藻门占 96.45%、绿藻门占 1.68%、蓝藻门占 1.87%［见图3（a）］;施工期各调查断面主要浮游藻类平均生物量为 1.941 8 mg/L,其中硅藻门占 97.73%、绿藻门占 1.16%、蓝藻门占 1.11%［见图3（b）］。与施工期相比,运行期浮游藻类总生物量升高 443.4%。

表4   雅砻江调查断面主要浮游藻类生物量统计   单位：mg/L

	安宁河口		坝址		雅砻江河口		平均	
	施工期	运行期	施工期	运行期	施工期	运行期	施工期	运行期
蓝藻生物量	0	0.016 2	0	0.015 6	0.02	0.032 8	0.006 7	0.021 5
硅藻生物量	0.377	1.74	0.297	1.826 6	0.36	2.126 5	0.344 7	1.897 7
绿藻生物量	0.006	0.017 9	0.008	0.028 7	0.004	0.021 1	0.006	0.022 6
藻类总生物量	0.383	1.774 1	0.305	1.870 9	0.384	2.180 4	0.357 4	1.941 8

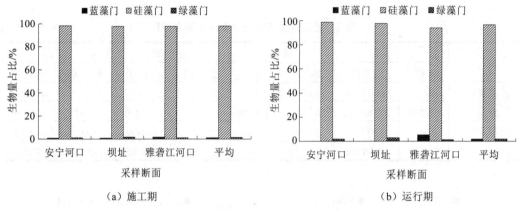

（a）施工期   （b）运行期

图3   雅砻江调查断面主要浮游藻类生物量比例

3.3   浮游藻类群落结构与水质理化性质相关性分析

通过浮游藻类群落结构与水质理化性质 Pearson 相关性分析可知（见表5），水温、溶解氧、总磷与浮游藻类密度和生物量均呈负相关关系，且相关性系数多低于 0.6，表明其都不是影响浮游藻类群落结构的主要环境因子；悬浮物与浮游藻类密度和生物量呈负相关性，部分相关性系数大于0.8，表明其是影响浮游藻类群落结构的次要环境因子；pH、总氮、高锰酸盐指数与浮游藻类密度和生物量相关性系数多大于 0.8，表明其是影响浮游藻类群落结构的主要环境因子。

表5   浮游藻类群落结构与水质理化性质 Pearson 相关性

	水温	pH	溶解氧	悬浮物	总氮	总磷	高锰酸盐指数	氨氮
蓝藻密度	−0.50	0.83	−0.14	−0.62	0.59	−0.51	−0.62	0.36
硅藻密度	−0.46	0.99	−0.64	−0.81	0.94	−0.69	−0.94	0.86
绿藻密度	−0.40	0.92	−0.78	−0.80	0.95	−0.70	−0.96	0.96
藻类总密度	−0.51	0.98	−0.46	−0.77	0.84	−0.65	−0.85	0.70
蓝藻生物量	−0.22	0.72	−0.09	−0.42	0.70	−0.37	−0.44	0.42
硅藻生物量	−0.59	0.98	−0.71	−0.84	0.94	−0.72	−0.93	0.86
绿藻生物量	−0.51	0.84	−0.90	−0.75	0.92	−0.61	−0.90	0.94
藻类总生物量	−0.59	0.98	−0.70	−0.84	0.94	−0.72	−0.93	0.86

4 讨论与结论

桐子林水电站为日调节型，电站建成后水库及其下游由急流转变为缓流水环境，但也仍保持一定流速；同时，桐子林水电站所涉及的江段较短，综合导致同期内各采样点水质差异不大，表现出较强的连通性。桐子林水电站施工期和运行期水温、pH、溶解氧变化较小，这可能受地区温度和上游来水影响，上游来水水质稳定则建坝前后差异较小，甚至今后仍将保持。但由于建坝后水流速度骤降，水体悬浮物会沉积，透明度也随即升高；由于磷多属于结合态[11]，悬浮物降低后其含量自然减少；氮则多属于溶解态[11]，水库形成有助于氮素的累积[12]，故而运行期水体总氮含量显著升高。尽管桐子林水电站投运后，水体理化指标和营养含量有所变化，但总体上水质类型并未改变，仍为Ⅰ～Ⅱ类水质，水质很好，未受污染，属于寡营养水体；但水体氮元素含量有升高趋势，需要持续加强监测。

由于桐子林水电站上下游较强的连通性，同期内各断面浮游藻类种类、比例和生物量均十分相似。桐子林水电站施工期和运行期水体均保持一定流速，因此有较硬硅壳、体积和重量均较大的硅藻可像河中泥沙一样借助一定的纵向流速与流速梯度等产生表面压力所形成的浮力来悬浮于水中[13]，从而占据生长优势成为优势类群。由于建坝后水流变缓，透明度升高，营养含量增加，这促使浮游藻类蓬勃生长，造成总体生物量升高[14]；而水流变缓也使得蓝藻、绿藻等硅藻以外的浮游藻类可以逐渐适应，从而占比有所提升。建坝后浮游藻类种类数量的降低可能是因为水库形成后水位升高、水域环境趋同，故而适应的藻类则大量生长并形成优势种，不适应的则自然消亡；而施工期水位低、水流急，水域环境差异大，不同的水域环境中生长各类浮游藻类，经水流裹挟混合后则形成种类多的浮游藻类群落。总体来说，桐子林水电站施工期和运行期均以硅藻为绝对优势类群，整体表现为典型的山区河流藻相，表明桐子林水电站的施工和运行并未对该江段的藻相造成显著影响，这意味着施工期和运行期内的水质均为良好，与水质理化性质和营养成分反映的一致。

浮游藻类能反映水体营养状况，这是因为水质是决定浮游藻类群落结构的主要环境因子[15]。水温、溶解氧、总磷变化与浮游藻类密度和生物量变化相关性较弱，表明它们不是影响浮游藻类群落结构的主要环境因子，这说明在施工期和运行期内水温、溶解氧、总磷等环境因子适宜浮游藻类生长。依次类推，施工期和运行期内悬浮物对浮游藻类的部分藻类有较强抑制；pH、总氮与浮游藻类密度和生物量变化相关性很强，且相关性系数为正，表明施工期和运行期内 pH、总氮是藻类生长的限制性环境因子，藻类将随其升高而不断加速生长；高锰酸盐指数则相反。故而应持续加强监测桐子林水电站水体 pH 和总氮含量，避免其持续升高而引发藻类爆发式生长[16]。

参考文献

[1] 张汉峰，谢嗣光. 锦屏一级水电站建库前的浮游动物调查[J]. 宜宾学院学报，2005，5（12）：64-66.

[2] 渠晓东，曹明，邵美玲，等. 雅砻江（锦屏段）及其主要支流的大型底栖动物[J]. 应用生态学报，2007，18（1）：158-162.

[3] 胡红波，顾泳洁，李明. 丽娃河水体富营养化与浮游藻类的指示关系[J]. 生物学杂志，2005，22（2）：32-35.

[4] 况琪军，马沛明，胡征宇，等. 湖泊富营养化的藻类生物学评价与治理研究进展[J]. 安全与环境学报，2005，5（2）：87-91.

[5] 陈晓江，杨劼，杜桂森，等. 官厅水库浮游植物功能群季节演替及其驱动因子[J]. 中国环境监测，2016，32（3）：74-81.

[6] 国家环境保护总局水和废水监测分析方法编委会. 水和废水监测分析方法（第四版）[M]. 北京：中国环境科学出版社，2002.

[7] 胡鸿钧，等. 中国淡水藻类[M]. 北京：科学出版社，2006.

[8] 邓坚. 中国内陆水域常见藻类图谱[M]. 武汉：长江出版社，2012.

[9] 翁建中. 中国常见淡水浮游藻类图谱[M]. 上海：上海科学技术出版社，2010.

[10] 重庆市环境科学研究院. 三峡库区重庆段常见浮游生物图谱 水生藻类及浮游动物[M]. 北京：中国环境科学出版社，2006.

[11] 王圣瑞. 湖泊沉积物-水界面过程：氮磷生物地球化学[M]. 北京：科学出版社，2013.

[12] 鲍林林，钱骏佟，洪金筑，等. 坝渠化河流氮磷迁移特征及其对富营养化的响应[J]. 生态学杂志，2021（12）：3998-4007.

[13] 刘大有. 关于颗粒悬浮机理和悬浮动的讨论[J]. 力学学报，1999（6）：3-5.

[14] OTTEN H, WILLEMSE MTM. The effect of managed hydropower peaking on the physical habitat benthos and fish fauna in the River Bregenzerach in Austria [J]. Fisheries Management and Ecology，1998，5（5）：403-417.

[15] 任辉，田恬，杨宇峰，等. 珠江口南沙河涌浮游植物群落结构时空变化及其与环境因子的关系[J]. 生态学报，2017，37（22）：7729-7740.

[16] 许慧萍，杨桂军，周健，等. 氮、磷浓度对太湖水华微囊藻（*Microcystis flos-aquae*）群体生长的影响[J]. 湖泊科学，2014，26（2）：213-220.

龙开口水电站坝上坝下鱼类群落结构变化趋势

叶　明　谭冬明　邱承皓　常　娟　苑瑞东　杨　标

（武汉中科瑞华生态科技股份有限公司，武汉　430080）

摘　要： 2016 年 3 月—2017 年 4 月在龙开口水电站库区和坝下江段开展鱼类资源调查，库区 6 个采样点，坝下 3 个采样点，共采集到鱼类 4 目 9 科 32 属 42 种。坝上坝下鱼类主要类群较为一致，但是坝下鱼类资源更为丰富，其鱼类群落多样性指数 2.751 和丰富度指数 5.322 均高于坝上。但与建坝前相比，库区鱼类群落结构由流水型鱼类向水库型演变，龙开口坝上坝下处于鱼类群落演变期，坝下鱼类总种类锐减 12 种，资源呈萎缩状态。本次调查中坝下江段尚未采集到的四川裂腹鱼（*Schizothorax kozlovi*）、中华金沙鳅（*Jinshaia sinensis*）、前臀鮡（*Pareuchiloglanis anteanalis*）、安氏高原鳅（*Triplophysa angeli*）等具保护价值的特有鱼类。

关键词： 龙开口水电站；鱼类资源；坝下；变化趋势

龙开口水电站位于云南省大理州鹤庆县龙开口镇境内，是金沙江中游河段一库八级水电开发方案的第六个梯级，是一座以发电为主要开发任务的同时兼顾灌溉和供水的水电工程，距上游金安桥水电站 41.4 km，距下游鲁地拉水电站 99.5 km[1-3]。2009 年 1 月，主河床截流，龙开口河道水文情势如流速、流量、水质以及水深等的急剧变化直接影响河中水生生物群落结构，从而影响鱼类种类组成以及数量[4]。大坝修建对该江段鱼类资源的具体影响如何，是否有必要采取相应的管理与保护措施？目前，该江段鱼类群落结构研究尚属空白，仅在建坝前 2007 年 8 月的《金沙江龙开口水电站水生生态环境影响研究专题报告》中涉及鱼类资源调查。

为了解龙开口水电站库区、坝下江段的鱼类群落结构及变化趋势，2016 年 3 月—2017 年 4 月，对龙开口水电站库区、坝下江段的鱼类资源展开了周年调查，旨在为该江段的鱼类资源保护提供依据，并提出保护建议。

1 材料与方法

1.1 采样时间与地点

2016 年 3 月—2017 年 4 月,分别在龙开口水电站库区和坝下进行鱼类资源调查,其中库区 6 个采样点,分别为金安桥坝下、梓里、龙门村、沙田村、上甘村和小庄河口,距龙开口水电站坝址分别为 40 km、35 km、18 km、11 km、5 km 和 1 km;坝下 3 个采样点,分别为永久桥、漾弓江河口和相子坪村,距龙开口水电站坝址分别为 0.5 km、3.5 km 和 6 km。采样点示意见图 1。

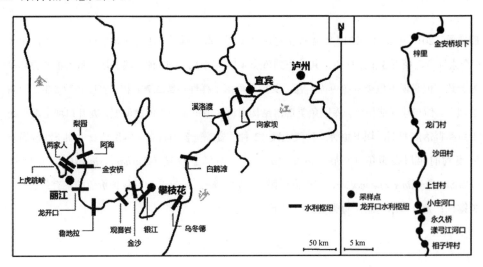

图 1 金沙江梯级布置及采样点位置

1.2 样本采集与鉴定

鱼类资源调查按照《水库渔业资源调查规范》(SL 167—2014)以及《内陆水域渔业自然资源调查手册》[5]进行。调查中使用网具为地笼网(20.0 m×0.4 m×0.4 m)和三层刺网(内层网目 2~3 cm,外层网目 8~10 cm)。根据《中国鱼类系统检索》[6]、《云南鱼类志》[7]和《横断山区鱼类》[8]等资料对所采集的样本进行物种分类与鉴定。渔获物样本测量中体长精确到 1 mm,体重精确到 0.1 g。

1.3 数据处理

使用 Microsoft Excel 2013 和 SPSS19.0 软件进行数据分析和处理。其中鱼类群落结构多样性、丰富度和均匀度分析分别采用 Shannon-Wiener、Margalef 和 Pielou 3 种指数分析。

Shannon-Wiener 多样性指数（H'）反映群落结构的复杂程度，是衡量种类数和均匀度的综合指标，公式：

$$H'=-\sum\left(P_i/P\right)\ln\left(P_i/P\right) \tag{1}$$

式中，P_i 为第 i 种鱼类的个体数；P 为鱼类总物种数量。

Margalef 指数（D_{Ma}）反映生物群落中物种的丰富程度，公式：

$$D_{Ma}=\left(S-1\right)/\ln N \tag{2}$$

式中，S 为鱼类的种类数；N 为渔获物所有物种总尾数。

Pielou 均匀度指数（J'）反映生物群落中各物种间个体均匀分布的程度，公式：

$$J'=H'/\ln S \tag{3}$$

式中，S 为鱼类的种类数；H' 为 Shannon-Wiener 多样性指数。

2 结果

2.1 种类组成

2016 年 3 月—2017 年 4 月对龙开口水电站库区、坝下的渔获物调查，共统计渔获物 101.1 kg，采集鱼类样本 1 389 尾。分别隶属 4 目 9 科 32 属 42 种（见附表），其中长江上游特有鱼类 13 种，占种类数的 29.55%。采集到鲤形目 3 科 26 属 35 种，鲇形目 4 科 4 属 5 种，鲈形目 1 科 1 属 2 种，鲟形目 1 科 1 属 1 种，分别占鱼类总种类数的 83.33%、11.91%、2.38% 和 2.38%。以鲤科鱼类种类占比最高为 61.90%，26 种；其次是鳅科，占 16.67%，7 种。

库区采集到鱼类 24 种，主要以圆口铜鱼、细鳞裂腹鱼、短须裂腹鱼、齐口裂腹鱼、棒花鱼、鲫、子陵吻鰕虎鱼 7 种较为常见。坝下采集鱼类 37 种，主要种为圆口铜鱼、细鳞裂腹鱼、短须裂腹鱼、齐口裂腹鱼、棒花鱼、鲫、子陵吻鰕虎鱼、泉水鱼、麦穗鱼、鳖、红尾副鳅、鲤、鲇等。坝下鱼类物种数和主要类群较库区丰富。

2.2 鱼类群落结构多样性

库区鱼类资源 Shannon-Wiener 多样性指数（H'）为 2.233，Margalef 丰富度指数（D_{Ma}）为 2.912，Pielou 均匀度指数（J'）为 0.773（见表 1）。坝下鱼类资源 Shannon-Wiener 多样性指数（H'）为 2.751，Margalef 丰富度指数（D_{Ma}）为 5.322，Pielou 均匀度指数（J'）为

0.756。龙开口水电站坝下鱼类群落结构物种多样性和丰富度均显著较库区高（$P<0.05$），均匀度同坝下无差异（$P>0.05$）。

表1　库区和坝下鱼类群落多样性指数

地点	种类数	多样性（H'）	丰富度（D_{Ma}）	均匀度（J'）
库区	18	2.233	2.912	0.773
坝下	38	2.751	5.322	0.756

2.3　主要渔获物捕捞规格

龙开口江段主要渔获物的体重、体长及数量分布见表2。库区主要类群，除棒花鱼、鲫、鲤、鲇等小型经济鱼类，主要以长江上游特有鱼类短须裂腹鱼、细鳞裂腹鱼、齐口裂腹鱼、圆口铜鱼4种为主，分别占渔获物总重的5.51%、18.10%、6.31%、25.98%，合计55.90%。坝下鱼类主要类群短须裂腹鱼、细鳞裂腹鱼、齐口裂腹鱼、圆口铜鱼占渔获物总重分别为8.17%、9.68%、7.76%、31.40%，合计57.01%。此外，鲫、鲇、泉水鱼等是坝下主要渔获物的经济鱼类。

库区江段捕捞到的短须裂腹鱼、细鳞裂腹鱼和齐口裂腹鱼的平均体重分别为97.01 g、147.56 g和111.08 g，均高于坝下的54.26 g、117.57 g和80.43 g；库区平均体长分别为16.22 cm、23.25 cm和16.5 cm，坝下平均体长为14.5 cm、16.85 cm和16.93 cm。圆口铜鱼、鲇等主要类群坝下江段的体重、体长生长均大于库区江段。短须裂腹鱼、细鳞裂腹鱼、齐口裂腹鱼、泉水鱼和鲫等的生长均以库区占据优势。

3　讨论

3.1　种类组成

库区和坝下鱼类群落结构差异显著，以坝下鱼类资源更为丰富。坝下江段鱼类主要组成覆盖了坝上主要群落，此外，泉水鱼、麦穗鱼、鳘、红尾副鳅、鲤、鲇等中小型经济鱼类也是坝下主要分布类群。该江段与长江上游特有鱼类主要类群分布一致，均以圆口铜鱼、细鳞裂腹鱼、短须裂腹鱼、齐口裂腹鱼为主。

表2　龙开口水电站主要渔获物分析

种类	库区							坝下						
	数量/尾	体重/g 范围	体重/g 平均	体长/cm 范围	体长/cm 平均	总重/g	重量比/%	数量/尾	体重/g 范围	体重/g 平均	体长/cm 范围	体长/cm 平均	总重/g	重量比/%
短须裂腹鱼	25	11.6~468.3	97.01	9.4~32.5	16.22	2 425.2	5.51	86	5.4~224.6	54.26	7~23.8	14.5	4 666.7	8.17
细鳞裂腹鱼	54	8.2~478.6	147.56	7.5~29.5	23.25	7 968.3	18.10	47	14.6~552.6	117.57	8.6~30.8	16.85	5 525.6	9.68
齐口裂腹鱼	25	11.6~468.5	111.08	9.4~30.1	16.5	2 777	6.31	49	12.9~403.3	90.43	10.2~28.6	16.93	4 430.9	7.76
圆口铜鱼	92	37~317.2	124.32	13.1~26.2	19.98	11 437.4	25.98	106	64~402.8	169.07	16~29.1	22.35	17 921.7	31.40
鲫	46	53.2~119.8	91.05	10.9~14.8	13.40	4 188.1	9.51	94	36.4~151.4	70.04	10.8~16.3	14.02	6 583.9	11.54
鳘	1	—	60.6	—	15.2	60.6	0.14	181	3~13.7	4.69	6~10.6	8.02	849.5	1.49
棒花鱼	34	4.2~9.8	3.72	4.4~7.2	5.89	126.6	0.29	68	1.4~11.8	4.77	4~7.7	6.29	324.3	0.57
麦穗鱼	9	1.8~7.5	3.72	3.3~7.6	5.87	33.5	0.08	99	0.1~5.2	2.23	2.8~6.2	4.34	221.1	0.39
鲇	5	50.6~1 507.6	109.43	13.5~28.4	20.02	1 945.3	4.42	24	46.7~769.6	196.29	18.8~47.2	25.36	4711	8.25
泉水鱼	7	58.7~202.3	129.16	16.3~23.4	20.23	904.1	2.05	59	13.8~160.4	103.33	8.9~22.2	16.29	4 856.7	8.51
其他鱼类	45	—	—	—	—	12 153.1	27.61	575	—	—	—	—	6 985.6	12.24

坝上区域种类组成较 2004 年[9]调查种类数一致，但是出现鳘、鲢等适合库区缓流水或静水栖息的鱼类，以及底栖生活的鲤、泉水鱼、圆口铜鱼、蛇鮈、圆筒吻鮈、中华沙鳅、紫薄鳅、鲇、中华纹胸鮡、岩原鲤、杂交鲟等。喜流水性鱼类如云南盘鮈、墨头鱼、红尾副鳅、福建纹胸鮡、前臀鮡等在本次调查中尚未出现。大坝截流后，龙开口水电站坝址上游形成水库已有 8 年，库区处于由流水型生态系统向水库型生态系统转变的时期，库区鱼类也由流水性物种向静水或缓流水种类变化。这种系统变化类似三峡水库形成后外来物种入侵，由于水流形态的改变，库区初级营养盐输入增加，以及初级生产力的增加为外来物种提供了空缺生态位，利于广适性物种和外来种的生存[10-11]。

坝下区域鱼类总种数较建坝前，大量鱼类在本次调查中尚未采集到，且出现了新的种类，但总种类数减少 12 种。例如，繁殖季节做短距离生殖洄游[11]的长丝裂腹鱼（*Schizothorax dolichonema*），喜流水性鱼类宽鳍鱲（*Zacco platypus*）、白甲鱼（*Onychostoma sima*）、四川华吸鳅（*Sinogastromyzon szechuanensis*）、福建纹胸鮡（*Glyptothorax fukianensis*），长江上游特有鱼类西昌白鱼（*Anabarilius liui*）、四川裂腹鱼（*Schizothorax kozlovi Nikolsky*）、中华金沙鳅（*Jinshaia sinensis*）、前臀鮡（*Pareuchiloglanis anteanalis*）、安氏高原鳅（*Triplophysa angeli*）、硬刺松潘裸鲤（*Gymnocypris potanini firmispinatus*），以及其他底栖性鱼类如侧纹云南鳅（*Yunnanilus plenrotaenia*）、横纹南鳅（*Schistura fasciolata*）、粗唇鮠（*Leiocassis crassilabris*）、紫薄鳅（*Leptobotia taeniaps*）等。较建坝前新发现了经济性鱼类有草鱼（*Ctenopharyngodon idellus*）、团头鲂（*Megalobrama amblvcephala*）、青鱼（*Mylopharyngodon piceus*）、鲢（*Hypophthalmichthys molitrix*）、黄颡鱼（*Pelteobagrus fulvidracoi*）、瓦氏黄颡鱼（*Pelteobagrus vachelli*）等，以及喜生活于急缓流交界处的齐口裂腹鱼。

3.2 鱼类群落结构多样性

库区鱼类短须裂腹鱼、细鳞裂腹鱼等长江特有流水性鱼类逐渐减少，静水性经济鱼类鲫和流速要求相比较低的圆口铜鱼和齐口裂腹鱼大量出现。鱼类群落组成发生重大转变，像水库型鱼类群落结构转变。建坝前，坝址上游短须裂腹鱼、鲈鲤、中华金沙鳅、细鳞裂腹鱼为主要种，分别占渔获物重量的 61.21%、16.95%、9.67%和 7.39%[9]。这不同于现在的库区主要鱼类群落组成，即短须裂腹鱼、细鳞裂腹鱼、圆口铜鱼、鲫、齐口裂腹鱼等。

现在鱼类群落结构发生重大转变，喜高流速砂石底质的中华金沙鳅、犁头鳅、宽鳍鱲、前鳍高原鳅、长薄鳅等类群大量锐减，对水流条件和砂石底质要求不高的经济性鱼类如鳘、泉水鱼、麦穗鱼及家鱼类占据生态位。建坝前，坝址下游渔获物以细鳞裂腹鱼、鲇、宽鳍鱲、鲤、长鳍吻鮈、犁头鳅、中华金沙鳅、圆口铜鱼、红尾副鳅、四川裂腹鱼、前鳍高原鳅、长薄鳅等为主，重量百分比均超 3%[9]。这很大程度上是由于大坝下游河床常年冲刷，床沙粗化[12-13]，原有地形发生重大转变，为底栖鱼类提供了不同于建坝前的生态位。

3.3　主要渔获物捕捞规格

现有裂腹鱼坝上坝下的平均捕捞体重分别为 97～148 g 和 54～118 g。裂腹鱼亚科体重 500 g 时为 6～9 龄，性成熟较迟，通常雄性为 3 龄、雌性为 4 龄开始成熟繁殖[15]。目前没有关于短须裂腹鱼、细鳞裂腹鱼和齐口裂腹鱼的年龄与生长具体资料，其适宜捕捞年龄尚未有定论。但是坝下 54 g 平均体重的捕捞规格偏小。坝下，短须裂腹鱼类的平均捕捞规格偏小。坝下裂腹鱼群落生长较坝上普遍偏小。

本调查坝上坝下圆口铜鱼的平均体长为 19.98 cm 和 22.35 cm，杨志等对长江干流宜昌和重庆江段的圆口铜鱼研究发现其 3 龄前为快速生长期，建议以 27.8 cm 为最小捕捞个体的体长[14]，以保护长江干流圆口铜鱼资源，故现阶段捕捞个体偏小。

3.4　资源变化趋势

文献资料显示，金沙江已认定有鱼类 142 种（亚种），其隶属 19 科[7,16-18]，与历史记录相比，龙开口水电站库区和坝下的鱼类种数明显减少。与 2004 年对龙开口江段的调查相比，坝上坝下处于鱼类群落演变期，但是坝下资源呈萎缩状态，尤其是短须裂腹鱼、圆口铜鱼等捕捞规格减小的长江上游特有鱼类，以及本次调查中坝下江段尚未采集到的四川裂腹鱼、中华金沙鳅、前臀鮡、安氏高原鳅等具保护价值的特有鱼类。故建议，一是加快对现有鱼类的保护设施建立，如建立集运鱼平台，通过将鱼类从坝下转运至坝上，扩大鱼类的生境类型与范围以缓解大坝阻隔造成的生境破碎化；二是开展对珍稀特有鱼类的研究与保护，如裂腹鱼的生物学研究；三是提高当地渔民的鱼类资源保护和可持续化利用观念，加强渔业资源管理与实际捕捞调查。

4　结论与展望

研发团队对龙开口水电站坝上坝下鱼类资源开展调查工作，发现成库后，坝上坝下鱼类群落发生演变，且坝下鱼类资源呈萎缩状态，说明了同时建立上行、下行过鱼设施的必要性。根据调查结果，研发团队开展了集运鱼系统的设计工作，并分别应用于龙开口水电站、马堵山水电站等项目，取得了一定的运行成果。

目前国内的过鱼设施在科研设计、设备研发等方面有一定进展，且出具了相关规范。然而，过鱼设施建成后，对过鱼设施的运行效果及鱼类的群落变化状况研究，仍存在较大空白。研发团队后续将结合前期科研调查和运行状况，全面地开展过鱼设施的效果评估工作，为探索高效的过鱼设施形式和运行模式进行更深入的研究。

参考文献

[1] 张之平，任成功. 龙开口水电站工程建设综述[J]. 水力发电，2013，39（2）：1-4.

[2] 强继红，张信，李英，等. 金安桥水电站建设对金沙江中游河段渔业资源的影响研究及保护措施[C]. 水电国际研讨会，2006.

[3] 叶建群，熊立刚，赵士正，等. 金沙江龙开口水电站工程概述[J]. 华东工程技术，2013，124（2）：1-4.

[4] 汤优敏，傅菁菁，张晓璐，等. 龙开口水电站鱼类增殖站设计[J]. 华东工程技术，2013，124（2）：113-116.

[5] 张觉民，何志辉. 内陆水域渔业自然资源调查手册[M]. 北京：农业出版社，1991.

[6] 成庆泰，郑葆珊. 中国鱼类系统检索[M]. 北京：科学出版社，1987.

[7] 褚新洛. 云南鱼类志[M]. 北京：科学出版社，1990.

[8] 陈宜瑜. 横断山区鱼类[M]. 北京：科学出版社，1998.

[9] 郑海涛，韩德举，吴生桂，等. 金沙江龙开口水电站水生生态环境影响研究专题报告[R]. 2007.

[10] 巴家文，陈大庆. 三峡库区的入侵鱼类及库区蓄水对外来鱼类入侵的影响初探[J]. 湖泊科学，2012，24（2）：185-189.

[11] H A C C Perera，李钟杰，S S De Silva，等. 三峡水库不同区域对鱼类群落结构和鱼类组成动态的影响（英文）[J]. 水生生物学报，2014，38（3）：438-445.

[12] 赖晓鹤. 三峡建坝后河床冲刷过程与机理及其对入海泥沙通量的影响和预测[D]. 上海：华东师范大学，2018.

[13] 刘万利. 枢纽坝下冲刷深度及水位降落研究[D]. 武汉：武汉大学，2009.

[14] 杨志，万力，陶江平，等. 长江干流圆口铜鱼的年龄与生长研究[J]. 水生态学杂志，2011，32（4）：46-52.

[15] 伍献文，等. 中国鲤科鱼类志（上卷）[M]. 上海：上海科学技术出版社，1982.

[16] 吴江，吴明森. 金沙江的鱼类区系[J]. 四川动物，1990（3）：23-26.

[17] 丁瑞华. 四川鱼类志[M]. 成都：四川科学技术出版社，1994.

[18] 张志英，袁野. 溪落渡水利工程对长江上游珍稀特有鱼类的影响探讨[J]. 淡水渔业，2001，31（2）：62-63.

附表　龙开口鱼类名录与分布

种类			2004年环评调查		本研究	
			坝上	坝下	坝上	坝下
鲤形目 Cypriniformes	鲤科 Cyprinide	宽鳍鱲 *Zacco platypus*		*		
		西昌白鱼 *Anabarilius liui*★		*		
		鳌 *Hemicculter leuciclus*		*	+	+
		黑尾鳌 *Hemiculter nigromarginis*				+
		鲢 *Hypophthalmichthys molitrix*			+	+
		泉水鱼 *Pseudogyrincheilus procheilus*		*	+	+
		麦穗鱼 *Pseudorasbora parva*	*	*	+	
		中华鳑鲏 *Rhodeus sinensis* Gunther		*		+
		高体鳑鲏 *Rhodeus ocellatus*	*	*		
		棒花鱼 *Abbottina rivularis*	*	*	+	+
		钝吻棒花鱼 *Abbottina obtusirostris* ★		*		+
		鲤 *Cyprinus carpio*		*	+	+
		岩原鲤 *Procypris rabaudi* ★			+	+
		鲫 *Carassius auratus*	*	*	+	+
		圆口铜鱼 *Coreius guichenoti* ★		*	+	+
		草鱼 *Ctenopharyngodon idellus*				+
		团头鲂 *Megalobrama amblvcephala*				+
		青鱼 *Mylopharyngodon piceus*				+
		蛇鮈 *Saurogobio dabryi*		*	+	+
		鲈鲤 *Percocypris pingi pingi* ★	*	*	+	+
		云南光唇鱼 *Acrossocheilus yunnanensis*		*		
		白甲鱼 *Onychostoma sima*		*		
		吻鮈 *Rhinogobio typus*				+
		圆筒吻鮈 *Rhinogobio cylindricu*★			+	
		长鳍吻鮈 *Rhinogobio ventralis* ★	*	*	+	+
		墨头鱼 *Garra pingi pingi*	*	*		+
		云南盘鮈 *Discogobio yunnanensis*		*		
		细鳞裂腹鱼 *Schizothorax chongi*★	*	*	+	+
		长丝裂腹鱼 *Schizothorax dolichonema*★		*		
		短须裂腹鱼 *Schizothorax wangchiachii* ★	*	*	+	+
		齐口裂腹鱼 *Schizothorax prena*★	*		+	+
		四川裂腹鱼 *Schizothorax kozlov*★	*	*	+	
		硬刺松潘裸鲤 *Gymnocypris potanini firmispinatus*★		*		
		裸体异鳔鳅蛇 *Xenophysogobio nudicorpa* ★		*		+

种类			2004 年环评调查		本研究	
			坝上	坝下	坝上	坝下
鲤形目 Cypriniformes	鳅科 Cobitidae	红尾副鳅 *Paracobitis variegatus*	*	*		+
		侧纹云南鳅 *Yunnanilus plenrotaenia*		*		
		横纹南鳅 *Schistura fasciolata*		*		
		安氏高原鳅 *Triplophysa angeli*★		*		
		斯氏高原鳅 *Triplophysa stoliczkae*		*		
		泥鳅 *Misgurnus anguillicaudatus*		*		+
		中华沙鳅 *Botia superciliaris*			+	+
		长薄鳅 *Leptobotia elongata* ★	*	*	+	+
		紫薄鳅 *Leptobotia taeniaps*		*	+	
		前鳍高原鳅 *Triplophysa anterodorsali* ★		*		+
		细尾高原鳅 *Triplophysa stenura*		*		+
	平鳍鳅科 Homalopteridae	犁头鳅 *Lepturichthys fimbriata*		*		+
		中华金沙鳅 *Jinshaia sinensis* ★	*	*	+	
		四川华吸鳅 *Sinogastromyzon szechuanensis*★		*		
鲇形目 Siluriformes	鲿科 Bagridae	黄颡鱼 *Pelteobagrus fulvidracoi*				+
		瓦氏黄颡鱼 *Pelteobagrus vachelli*				+
		粗唇鮠 *Leiocassis crassilabris*		*		
	钝头鮠科 Amblycipitidae	白缘𩷶 *Leiobagrus marginatus*		*		+
	鲇科 Siluridae	鲇 *Silurus asotus*		*	+	+
		大口鲇 *Silurus meriordinalis*		*		
	鮡科 Sisoridae	中华纹胸鮡 *Glyptothorax sinenses*		*	+	+
		福建纹胸鮡 *Glyptothorax fukianensis*	*	*		
		前臀鮡 *Pareuchiloglanis anteanalis*★	*	*		
鳉形目 Cyprinodontiformes	花鳉科 Poeciliidae	食蚊鱼 *Gambusia affinis*		*		
	大颌鳉科 Adrianichthyidae	中华青鳉 *Oryzias latipes sinensis*		*		
鲈形目 Perciformcs	鰕虎鱼科 Gobiidae	子陵吻鰕虎鱼 *Rhinogobius giurinus*		*		+
		波氏吻鰕虎鱼 *Rhinogobius cliffordpopei*		*		
		小黄黝鱼 *Micropercops swinhonis*		*		
鲟形目 Acipenseriformes	鲟科 Acipenseridae	杂交鲟 *hybrid sturgeon*			+	
种类合计			17	49	17	37

注：*表示 2004 年采集到的鱼类；+表示本研究采集到的鱼类；★表示该种为长江上游特有鱼类。

玉曲河扎拉水电站鱼类栖息地保护研究

张仲伟[1]　陈思宝[1]　陈　锋[2]　范筱林[1]

（1.长江勘测规划设计研究有限责任公司，武汉 430010;

2.水利部中国科学院水工程生态研究所，武汉 430079）

摘　要：鱼类栖息地保护是保护鱼类资源的有效措施之一。扎拉水电站位于怒江中游左岸一级支流玉曲河上，工程引水发电后将改变坝下河段的水文情势，影响鲱科鱼类、裂腹鱼类生境。从保护鱼类栖息生境多样性出发，选取生境多样性高、鱼类资源丰富的断面进行微生境改造，加大河道最大水深，使浅水一侧形成浅滩，并保证减水河段水深在 0.4 m 以上。

关键词：玉曲河；扎拉水电站；鱼类栖息地；生态保护

　　河流栖息地是水生生物赖以生长、繁殖、索饵、育肥场所[1]，与群落结构[2]、生物多样性[3]、河道变化[4]等密切相关，是水生态系统结构和功能的重要组成部分。鱼类是水生态系统中的顶级群落[5]，受环境因子的影响，同时对生态结构和功能也有着重要作用，加强河流鱼类栖息地保护和修复是河流生态保护工作的重要基础。引水式水电站建设将显著改变坝下河段的水文情势，造成河段生境萎缩，水量减少，流速趋小，水深降低，保护减水河段生境有利于降低工程建设对鱼类资源的不利影响。本文以玉曲河扎拉水电站为例，对鲱类、裂腹鱼类栖息地保护和修复进行研究。

1　扎拉水电站对鱼类栖息地影响分析

　　玉曲河是怒江中游左岸一级支流，发源于西藏昌都市类乌齐县瓦合山南麓，流经昌都市的洛隆县、察雅县、八宿县、左贡县以及林芝市的察隅县，于察隅县察瓦龙乡目巴村附近汇入怒江。玉曲河流域面积 9 379 km²，干流总长 444.3 km，河道天然落差 3 122 m。扎拉水电站距河口约 83 km，控制流域面积 8 546 km²，多年平均流量 110 m³/s，多年平均径流量 34.8 亿 m^3。水库正常蓄水位 2 815 m，调节库容 136 万 m^3，总装机容量 1 015 MW（含生态机组 15 MW）。

1.1 栖息地现状

玉曲河鱼类区系基本由鲤形目鲤科的裂腹鱼亚科、鳅科的条鳅亚科和鲇形目的鮡科 3 个大类群组成，与青藏高原鱼类区系相一致[6]。根据现状调查，玉曲河鱼类 15 种中裂腹鱼亚科有 4 种，条鳅亚科有 8 种，鮡科有 2 种，野鲮亚科有 1 种，其中怒江特有鱼类 3 种，分别为怒江裂腹鱼（*Schizothorax nukiangensis*）、贡山裂腹鱼（*Schizothorax gongshanensis*）和贡山鮡（*Pareuchiloglanis gongshanensis*）。

玉曲河河源至邦达（海拔约 4 100 m）为典型高原河流源头区，河谷开阔，水流平缓，河流蜿蜒曲折，多汊流，两岸湿地发育，为鱼类提供了较好的繁殖、索饵、育肥的场所，此处主要是分布海拔较高且适应静缓流生境的高原鳅属、裸裂尻鱼属鱼类。邦达至左贡（海拔约 3 800 m），河谷渐收缩，水流流速变快，但大部分河道仍然有较开阔的河滩，且心滩发育，底质以砾石、粗砂质为主，是裂腹鱼等产黏性卵鱼类的重要产卵场和索饵场。左贡至扎玉（海拔约 3 400 m），两岸山势渐陡峭，河谷进一步收窄，水流较急，适宜裂腹鱼、鮡科鱼类栖息，局部砾石滩适宜裂腹鱼类产卵繁殖，而局部的深潭、洄水湾则适宜鮡科鱼类产卵繁殖。扎玉以下至河口（海拔约 1 850 m），两岸山势更加高耸，河谷深切，为典型的峡谷河段，水流湍急，在跌水以及一些巨石底质的附近形成洄水和深潭，适宜鮡科鱼类产卵繁殖，局部水流相对较缓，砾石底质、洲滩较发育的河段也适宜裂腹鱼类产卵繁殖，峡谷河段水深较深，也是一些鱼类重要的越冬场。

裂腹鱼类产卵场。玉曲河符合其产卵条件的水域广泛分布，产卵场分布零散，几乎遍布整个宽谷河段。河道中的江心滩、卵石滩、分汊河道的洄水湾及支流汇口等均是裂腹鱼类比较理想的产卵场所。其中，美玉至旺达河段，河谷开阔，河道坡降平缓，河流的冲刷和泥沙的沉积，形成河流形态和流态多样化。既有水流较为湍急的狭窄岩基河道，水流平浅湍急的卵石长滩；也有水流平缓的细沙河湾、曲流；还有水深流急的单一河槽及水流平缓的深潭。这种多样性的生态环境，为裂腹鱼的繁殖、栖息提供了良好的条件，是裂腹鱼类产卵场相对集中的主要河段。减水河段河谷狭窄，山高谷深，多呈 "V" 形，落差集中，河道比降大，水流湍急，底质多为岩基和乱石，该河段除支流汇口、少量水流平急的砾石滩和洄水滩等零星狭小区域具备裂腹鱼繁殖条件外，如龙西村以下河段、瓦堡村附近河段等，绝大多数河段不适合裂腹鱼繁殖。

鮡类产卵场。贡山鮡卵有弱黏性，也需在礁石、砾石堆中孵化，产卵场多位于连续急流之间的缓流水域，当地称为 "二道水"。它们的产卵场与裂腹鱼类不同，多分布于干、支流的峡谷、窄谷及水流较为湍急的河段，底质为巨石，形成局部的回水，鮡类在急流洄水湾处产卵繁殖，产卵场位置相对稳定，鮡科鱼类的产卵场较为分散，且一般规模不大，其产卵场主要分布在左贡以下峡谷河段，尤其碧土到玉曲河河口河段及沿岸支流。减水河段是峡谷河段，落差大，水流湍急，形成诸多小型跌水、回水、二道水等，根据渔民经验，鮡类喜躲藏在此处底层石缝中，且此处流速较缓，溶氧较高，营养物质滞留，饵料生物丰富，能够为鮡科鱼类栖息、索饵、繁殖等提供适宜生境，如梅里拉鲁沟汇口附近、甲朗村附近区域、玉曲河河口等，均是适宜鮡科鱼类产卵繁殖的重要场所。

鳅类产卵场。高原鳅对产卵环境要求很低，繁殖场一般在近岸缓流处，底质也为砾石、卵石、粗沙砾或有水草的场所。符合以上条件的场所一般在支流与干流的交汇处以及邦达以上河源区，调查河段的各支流及其汇口处的浅水湾等均是适宜高原鳅繁殖的理想场所。

1.2 影响预测

扎拉水电站引水发电后，坝下形成长约 59.2 km 的减水河段，减水河段水生生境发生显著变化，生境萎缩，水量减少，流速趋小，水深降低（见表 1），原适宜鮡类、裂腹鱼类栖息和产卵的生境条件将受到一定影响。扎拉水电站坝址处多年平均流量为 110 m³/s，10 月—次年 3 月下泄生态流量 15.9 m³/s，4 月和 9 月下泄生态流量 22.0 m³/s，5—8 月下泄生态流量 33.0 m³/s，经研究能够满足减水河段水生生态需水要求。

表 1　扎拉水电站坝址—厂址间河段水文特征变化

	河段长度/km	水深/m	流速/（m/s）	水面宽/m
天然河段	59.3	0.92～4.57	0.97～3.79	11.10～45.83
减水河段	59.3	0.82～1.82	1.02～1.82	17.40～26.27

通过计算对比丰水年、平水年、枯水年产卵期减水河段龙西村、瓦堡村 2 处裂腹鱼类产卵场区域河道水域面积变化（见表 2 和表 3）可知，裂腹鱼类产卵期 4—6 月，产卵场水面面积平均下降约 22.87%。原来的回水、二道水等适宜鮡类产卵繁殖的生境条件明显缩减，部分鱼类可能退缩至下游或怒江干流寻求新的适宜生境产卵繁殖。对比计算丰水年、平水年、枯水年产卵期减水河段甲朗村鮡科鱼类产卵场区域河道水域面积变化（见表 4）可知，鮡科鱼类产卵期 5—7 月，产卵场水面面积平均下降约 25.84%。由于水面下降，适宜产卵水深的生境条件不一定是同比例下降，也可能增加。但是由于鱼类产卵场的生境条件不仅与水深相关，而且与其他各种生境条件如流速、流场、底质、水温等相关，是一个综合的复杂的生境需求，另外鱼类繁殖、生存等具有一定的可塑性，其在原有生境条件发生改变时可以寻求其他适宜生境。

表2　减水河段龙西村裂腹鱼类产卵场水域面积变化情况

产卵场	丰水年			平水年			枯水年		
	4月	5月	6月	4月	5月	6月	4月	5月	6月
引水前/m²	16 301.55	19 216.26	26 214.12	16 752.56	18 273.86	21 283.88	15 103.91	16 278.05	17 708.4
引水后/m²	13 160.4	14 498.27	17 979	13 049.73	14 474.93	14 474.93	12 900.4	14 406.55	14 407.31
差值/m²	−3 141.15	−4 717.99	−8 235.12	−3 702.83	−3 798.93	−6 808.95	−2 203.51	−1 871.5	−3 301.09
占比/%	−19.27	−24.55	−31.41	−22.10	−20.79	−31.99	−14.59	−11.50	−18.64

表3　减水河段瓦堡村裂腹鱼类产卵场水域面积变化情况

产卵场	丰水年			平水年			枯水年		
	4月	5月	6月	4月	5月	6月	4月	5月	6月
引水前/m²	58 094.88	75 722.48	86 248.24	58 964.88	69 620.09	79 938.62	50 647.6	55 910.48	66 273.68
引水后/m²	45 709.84	49 936.4	69 138.8	45 831.76	48 961.04	48 971.2	44 592.24	48 605.44	49 154.08
差值/m²	−12 385	−25 786.1	−17 109.4	−13 133.1	−20 659.1	−30 967.4	−6 055.36	−7 305.04	−17 119.6
占比/%	−21.32	−34.05	−19.84	−22.27	−29.67	−38.74	−11.96	−13.07	−25.83

表4　减水河段甲朗村鮡类产卵场水域面积变化情况

产卵场	丰水年			平水年			枯水年		
	5月	6月	7月	5月	6月	7月	5月	6月	7月
引水前/m²	37 945.57	43 760.7	43 631.85	34 512.28	40 490.13	42 886.55	29 611.68	33 413.71	40 228.21
引水后/m²	26 561.03	34 927.9	32 408.71	26 561.03	26 561.03	28 100.53	26 561.03	26 561.03	26 561.03
差值/m²	−11 384.5	−8 832.8	−11 223.1	−7 951.25	−13 929.1	−14 786	−3 050.65	−6 852.68	−13 667.2
占比/%	−30.00	−20.18	−25.72	−23.04	−34.40	−34.48	−10.30	−20.51	−33.97

2　鱼类栖息地保护方案

栖息地保护与修复是保护鱼类自然资源的有效措施。依据鱼类资源的现状及其分布特点，尽可能维持河流生境多样性，保存不同生态类型鱼类生长繁衍的必要生存条件，选取生境多样性高、鱼类资源丰富的区域进行栖息地保护与修复，维持该区域复杂、多样的水生生境。

本方案的保护对象为玉曲河扎拉水电站影响区分布的鮡类和裂腹鱼类。针对裂腹鱼类，重点保护玉曲河中上游产卵场，以及加强减水河段水量减少、水位下降后的生境修复；而鮡类保护重点在厂房至河口流水河段，并对减水河段进行栖息地修复。因此，本文通过研究减水河段水文特性，对减水河段水位降低后可能阻隔鱼类洄游的浅滩、堰等采取工程措施，达到对减水河段进行栖息地修复、微生境改造的目的。保证减水河段水生生态需求要求后，扎拉坝址至厂房减水河段依然相当于一条小型河流，适当加以栖息地修复、微生境改造，可以作为鱼类栖息地加以保护。

2.1 栖息地适宜性评估

根据《河流水生生物栖息地保护技术规范》，水生生物栖息地适宜性评估指标体系由产卵场适宜性（F1）、索饵场适宜性（F2）、洄游通道适宜性（F3）、生态健康适宜性（F4）4部分组成。对减水河段鱼类栖息地适宜性进行评价（见表5），按照产卵场适宜性（E1）、索饵场适宜性（E2）、洄游通道适宜性（E3）、生态健康适宜性（E4）权重均为0.25计算，最终评价得分为0.54，减水河段栖息地适宜性评价为一般适宜，说明减水河段具有一定的保护价值，可以作为鱼类栖息地加以保护。

表5　扎拉水电站减水河段栖息地适宜性评价赋分结果

目标层	要素层	指标层	
		计算指标	赋分
产卵场适宜性（E1）	水文特征适宜性（F1）	水文特征适宜性指数（G1）	0.5
	水动力特征适宜性（F2）	水动力特征适宜性指数（G2）	0.4
	河流地形地貌适宜性（F3）	河流地形地貌适宜性指数（G3）	0.7
索饵场适宜性（E2）	水文特征适宜性（F1'）	水文特征适宜性指数（G1'）	0.5
	水动力特征适宜性（F2'）	水动力特征适宜性指数（G2'）	0.4
	河流地形地貌适宜性（F3'）	河流地形地貌适宜性指数（G3'）	0.7
	饵料生物适宜性（F4）	饵料生物适宜性指数（G4）	0.7
洄游通道适宜性（E3）	干支流连通性（F5）	纵向连通性指数（G5）	0.3
		横向连通性指数（G6）	0.7
生态健康适宜性（E4）	生物多样性（F6）	生物多样性指数（G7）	0.7
	水力栖息地适宜性（F7）	水力栖息地适宜性指数（G8）	0.3
	栖息地破碎性（F8）	栖息地破碎性指数（G9）	0.7

2.2 生境修复区域筛选

通过对减水前后产卵场断面形态进行模拟，总体来看，断面形态可分为"V"形、"U"形、"W"形3种类型，不同流量情况下，平均最大水深、平均水深均是"V"形断面＞"W"形断面＞"U"形断面，且"V"形断面和"W"形断面显著大于"U"形断面，"V"形断面仅略大于"W"形断面；而平均流速"V"形断面＞"U"形断面＞"W"形断面。

"V"形断面由于水流湍急，其功能主要是作为裂腹鱼类上溯洄游的通道；"U"形断面流速较缓、水深较浅，可作为鱼类栖息索饵的场所；"W"形断面一般会出现一侧为主河槽，水深较深、流速较大，可作为裂腹鱼类的洄游通道，而另一侧水深较浅、流速较缓，可作为鱼类栖息索饵的场所。这种多样性的河道生境为鱼类提供了较好的生境条件，从鱼类完成生活史角度出发，减水河段的修复应尽量维持天然河道多样化的形态结构，仅对部分可能影响鱼类洄游栖息的浅水区域进行适当改造。依据水文情势影响分析结果，减水河段流速依然较大，均能满足流水性鱼类栖息需求，而部分断面的水深难以满足上述要求。根据河道特点，"V"形断面由于其断面形态特点，基本上能够满足鱼类上溯洄游需求，部分"U"形断面和"W"形断面由于水深较浅，对裂腹鱼类的洄游可能造成一定影响，需部分河道进行疏浚改造。

选取减水河段甲朗村鮡类产卵场、龙西村裂腹鱼类产卵场2组水深较浅且相邻的断面，进行鱼类栖息地修复（见图1）。

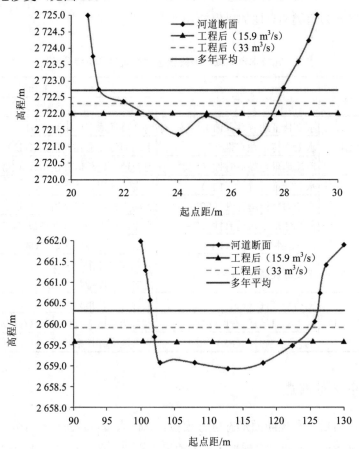

图1　鱼类栖息地修复断面

（甲朗村鮡类产卵场断面、龙西村裂腹鱼类产卵场断面，其中括号内数据为下泄流量）

2.3　栖息地修复方案

采取疏浚措施，加深河道最大水深，修复长度600 m。甲朗村鮡类产卵场为"W"形断面，对较深一侧进一步挖深，挖出的土石方填入较浅一测，但不宜完全填平，应使浅水一侧形成浅滩，对中间可能露出水面的心滩应适当削平，使其没入水下，并使其在 15.9 m³/s 的流量下水深在 0.4 m 以上。龙西村裂腹鱼类产卵场为近"V"形断面的"U"形断面，对河道中央较深处挖深，并将挖出的土石方堆于河道两侧，使其形成"V"形断面，增加河道最大水深，有利于较大个体的裂腹鱼类上溯。施工期避开鱼类生长、繁殖期，在冬季鱼类顺水而下进入深水区越冬时，即在 11 月至次年 2 月进行施工。

改造后的断面如图 2 所示。

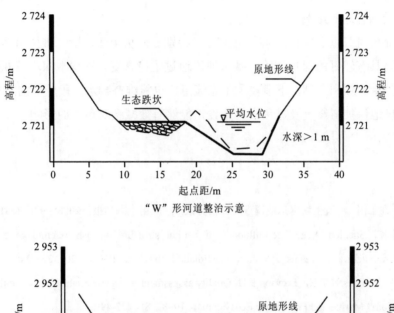

图 2　扎拉水电站减水河段鱼类栖息地生态断面设计图

3　结语

玉曲河是怒江中上游生境多样性较高的支流，在怒江中上游具有重要的生态作用。从鱼类多样性的保护来看，其鱼类与怒江中上游鱼类基本一致且有着密切的自然联系，玉曲河中上游分布有规模较大的裂腹鱼类产卵场，怒江中上游鱼类在繁殖期可上溯至玉曲中上游砾石浅滩产卵繁殖，玉曲河鱼类在冬季可退缩至玉曲下游和怒江干流深水区越冬，是怒江中上游鱼类的重要栖息和繁殖场所。扎拉水电站影响区是玉曲河鮡科鱼类的重要生境和裂腹鱼类的洄游通道，工程的建设运行对鮡科鱼类的生境造成一定的影响，同时阻隔了裂腹鱼类的洄游通道。通过将玉曲河干流源头至左贡 219.3 km 河段，扎拉坝址以下至河口段，支流梅里拉鲁沟全部加以保护，并对减水河段进行栖息地修复，同时结合过鱼设施的建设恢复河流连通性，既可以有效保护裂腹鱼类的产卵场，恢复裂腹鱼类洄游通道，又可以减缓对鮡科鱼类栖息地的影响。

扎拉坝址至河口重点保护鮡科鱼类生境，特别是厂房至河口段，维持自然河流生境，对鮡科鱼类将具有较好的保护作用；减水河段通过生境修复，平均水深均在 0.4 m 以上，能够保证裂腹鱼类顺利上溯，下泄较大生态流量，也能维持减水河段较好的生境条件。因此，通过栖息地保护与修复及过鱼设施建设，能够有效减缓对鱼类的影响。

参考文献

[1] 石瑞花，许士国. 河流生物栖息地调查及评估方法[J]. 应用生态学报，2008（9）：2081-2086.

[2] Meffe G K，Sheldon A L. The influence of habitat structure on fish assemblage composition in southeastern blackwater streams [J]. American Midland Naturalist，1988，120：225-240.

[3] Raven P J，Holmes N T H，Dawson F H. Quality assessment using river habitat survey data [J]. Aquatic Conservation：Marine and Freshwater Ecosystems，1998，8：477-499.

[4] 郑丙辉，张远，李英博. 辽河流域河流栖息地评价指标与评价方法研究[J]. 环境科学学报，2007，27（6）：928-936.

[5] 刘建康. 高级水生生物学[J]. 北京：科学出版社，1999.

[6] 西藏自治区水产局. 西藏鱼类及其资源[M]. 北京：中国农业出版社，1995.

优化乌东德水电站库尾河段栖息地
水力生境的生态调度研究

樊　皓　闫峰陵　张登成　蔡金洲

（长江水资源保护科学研究所，武汉 430051）

摘　要：通过对裂腹鱼类产卵繁殖适宜的水力条件进行分析，得出水深、流速是影响该种鱼类产卵繁殖的重要水力参数，并确定参数阈值。构建模型，分析乌东德水电站库尾栖息地现状水力参数变化，研究通过上下游水库调度，使得研究河段水深、流速在适宜的阈值区间，提升栖息地保护效果。研究得出在裂腹鱼类产卵期，上游梯级下泄流量时段内变幅不高于 1 600 m³/s，下游乌东德水库水位保持在 974.0～974.5 m，可为裂腹鱼类产卵繁殖营造较适宜的水力生境。

关键词：乌东德水电站；库尾河段；栖息地；水力生境

1　引言

水利水电工程的建设对河流连通性、水文情势、水温、水质以及河床底质等均可能造成一定程度的影响，而大型河流的开发通常以梯级的方式展开，形成典型的河湖分相格局，河段鱼类重要栖息生境也随之发生重大变化。为减缓或降低河流筑坝对鱼类的影响，采取的措施主要包括栖息地保护与替代生境、过鱼设施、增殖放流等。其中，过鱼设施因不同学科融合度不够、运行管理机制不健全，目前国内大多数过鱼设施效果不佳[1-2]；鱼类增殖放流受部分鱼种繁育技术、规模化养殖技术甚至是亲鱼稀缺，难以完全达到保护的要求。因此，选择合适的河段或支流作为栖息地或替代生境，是保护鱼类资源相对可靠、有效的途径。

一般情况下，鱼类栖息地保护首先应从宏观上选择合适的河段或水域，再结合保护对象特征，从微观上营造适应的水流条件[3]。国内栖息地保护河段水域一般遵循"干流开发、支流保护"的原则，如金沙江上游将藏曲、定曲等支流作为栖息地保护河流，金沙江下游将黑水河作为栖息地保护河流。此外，部分开发河段无法找到适宜作为替代生境的支流，也有将干流不受开发影响或受影响程度较弱的河段，甚至是水电站库尾的河段作为栖息地保护河段。对于水电站库尾栖息地保护河段，一般受上下游梯级调蓄影响较大，水力生境无法保证，进而影响栖息地保护的效果。

20世纪80年代以来，国内外学者对栖息地进行了微观尺度的研究，Kemp等[4]提出功能性栖息地（functional habitats）和水力栖息地（flow biotopes）的基本概念。很多学者通过研究功能性栖息地与水流参数的关系，构建栖息地性能曲线[5-8]，研究以底质定义（substrate-defined）的栖息地，测量了流速、水深、含氧量、温度等多种理化数据，分析不同水力条件对河床底质、地形的作用。已有研究表明，栖息地与水力学条件之间关系密切，一些鱼类生命周期中有部分或者全部生命阶段依靠某种特定的水力条件，如裂腹鱼类产卵、完成生活史的过程，通常需要相对稳定的水位过程和足够的水深。对于水电站库尾栖息地河段，如何通过上下游联合调度，使得栖息地保护河段在鱼类产卵、繁殖时段水位过程和水深相对稳定，是当下需要研究和解决的问题。

本文基于乌东德水电站库尾栖息地所处江段水电梯级开发利用情况，分析梯级调度运行对河段水力生境的影响，并提出上下游梯级调度要求，为后续栖息地保护工作提供建议。

2 研究区域概况

2.1 河段开发利用与水力生境现状

金沙江攀枝花河段位于金沙江中下游交界处，河段内金沙江由西至东贯穿攀枝花市主城区，雅砻江汇口以下流向为由北向南。雅砻江汇入前，河段多年平均流量1 870 m³/s（攀枝花水文站），雅砻江汇入后为 3 790 m³/s（三堆子水文站）。河段建设有观音岩、金沙、银江（在建）、乌东德等多个水电梯级。从调节性能来看，观音岩水电站为周调节，金沙、银江水电站为日调节，乌东德为季调节水电站。上下游各梯级调节能力不一，导致河段水文情势复杂多变。由于乌东德库区支流龙川江、尘河、勐果河、鲹鱼河等均存在开发利用程度高、水质差、流量小等问题，不具备作为替代生境的条件；而库尾攀枝花河段具有较复杂的流水生境，急缓流、滩涂潭交错分布，作为长江上游特有鱼类等流水性鱼类繁殖栖息空间具有一定的适宜性，因此乌东德水电站环境影响报告书选择将库尾变动回水区江段作为齐口裂腹鱼、重口裂腹鱼和短须裂腹鱼等长江上游特有鱼类的栖息地保护河段，并为库区喜缓流和静水生境但需流水刺激产卵的鱼类提供适宜的水生生境。在该江段选择金雅汇口上游边滩和大沙坝边滩两处滩地塑造产卵场。根据三堆子水文站实测数据，现状情况下（乌东德未蓄水、银江）三堆子断面日变幅在 0.12～3.43 m，即在上游观音岩、金沙、桐子林等电站调节情况下，在枯水、平水时段三堆子断面日内最大水位变幅达 3.43 m，平均日变幅为 1.72 m（见图 1 和图 2）。

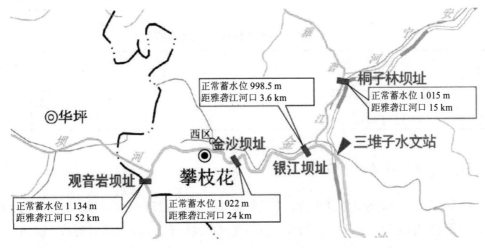

图 1　研究江段水系与开发现状示意

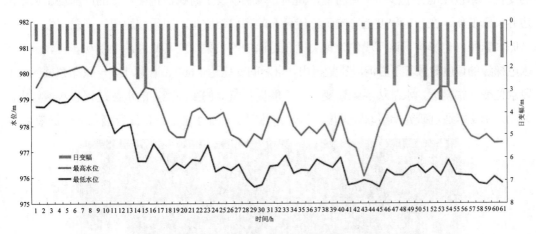

图 2　三堆子水文站实测逐时水位过程及水位变幅示意

2.2　栖息地水力生境需求分析

　　鱼类产卵场与水力学条件之间最直接的体现是鱼类繁殖需要依靠某种特定的水力学条件，如四大家鱼产卵的发生和水位的涨落有较显著的相关性。裂腹鱼喜栖息于急缓流交界处，其产卵场分布于水流相对较急的沙砾地质区域，适当的流速能刺激鱼类产卵，同时提供鱼类发育需要的溶氧。陈求稳[9]针对鱼类栖息地保护和生态流量需求以及生态调度进行了系统性的阐述；韩瑞等[10]通过鱼类生态水力学物理模型实验理论与方法以确定鱼类对关键水动力指标的喜好；陈明千等[11]研究提出，流速、水深等用来描述鱼类产卵场水利生境具有很好的代

表性；韩仕清等[12]提出，齐口裂腹鱼、重口裂腹鱼等鱼类产卵繁殖流速一般在 1.5～2.5 m/s
较适宜，水深在 0.5～1.5 m 较适宜。裂腹鱼类成鱼繁殖所需的生境条件[13]见表 1。

表 1　裂腹鱼类成鱼繁殖所需的生境条件

鱼类名称	栖息地及产卵场底质特征	偏爱水温/℃	偏爱水深/m	偏爱流速/（m/s）	产卵月份	偏爱水文过程
齐口裂腹鱼	栖息于急缓流交界处，产卵场位于砂石急流区	10～15	0.5～1.5	1.5～2.5	集中产卵期为 3—4 月	洪水涨水过程
短须裂腹鱼		15～20	0.5～1.5	1.5～2.5		

2.3　栖息地保护存在的问题

　　乌东德库尾河段地处金沙江中游、下游衔接处，上游观音岩、金沙以及雅砻江桐子林等
电站建设引起河段水文条件变化，造成下游河道河流泥沙通量显著改变，导致下游河道冲淤
变化、床底形态改变[14]，该江段河床底质、水力条件、水文情势与天然情况发生了较为显著
的变化。攀枝花地处金沙江干热河谷，高温、暴晒以及上游梯级调度导致的产卵场水域水陆
边界频繁变化，在一定程度上影响了江段分布的齐口裂腹鱼、短须裂腹鱼等产黏沉性卵鱼类
产卵、繁殖，也影响了该河段作为鱼类栖息地保护的效果。究其原因，上游观音岩、金沙等
水电梯级的调度导致其下游河段流量日内、日际间变化达 1 600 m³/s 以上，导致乌东德库尾河
段水位变化幅度大，水陆边界频繁变化，不能提供鱼类偏爱的稳定的水位过程和水深要求。
为此，本文拟通过研究梯级联合调度，以营造相对稳定的水位过程，改善栖息地保护效果。

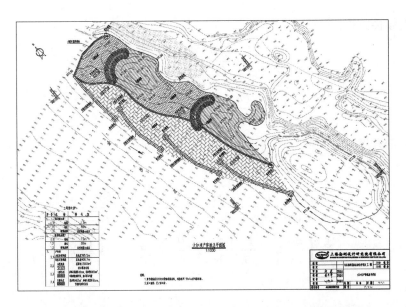

图3　库尾河段人工产卵场分布及大沙坝人工产卵场典型设计图

3　研究方法

　　模拟计算区域以金沙水电站坝址为上边界，以拉鲊水位站为下边界，采用 MIKE21 进行模拟计算，重点针对大沙坝位置进行网格的细化。计算区域地形如图4所示，模型计算原理如下。

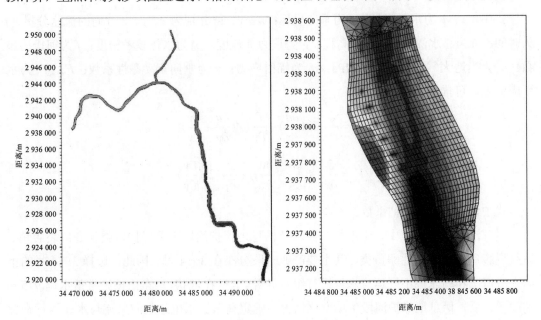

图4　计算模拟区域范围

（1）连续性方程：

$$\frac{\partial h}{\partial t} + \frac{\partial h\bar{u}}{\partial x} + \frac{\partial h\bar{v}}{\partial y} = hS$$

$$\frac{\partial u}{\partial x} + \frac{\partial v}{\partial y} + \frac{\partial w}{\partial z} = S$$

（2）动量方程：

x 方向：

$$\frac{\partial u}{\partial t} + \frac{\partial u^2}{\partial x} + \frac{\partial vu}{\partial y} + \frac{\partial wu}{\partial z} = fv - g\frac{\partial \eta}{\partial x} - \frac{1}{\rho_0}\frac{\partial p_a}{\partial x} -$$

$$\frac{g}{\rho_0}\int_z^\eta \frac{\partial \rho}{\partial x}dz - \frac{1}{\rho_0 h}(\frac{\partial \sigma_{xx}}{\partial x} + \frac{\partial \sigma_{xy}}{\partial y}) + F_u + \frac{\partial}{\partial z}(v_t\frac{\partial u}{\partial z})$$

y 方向：

$$\frac{\partial v}{\partial t} + \frac{\partial v^2}{\partial y} + \frac{\partial uv}{\partial x} + \frac{\partial wv}{\partial z} = -fu - g\frac{\partial \eta}{\partial y} - \frac{1}{\rho_0}\frac{\partial p_a}{\partial y} -$$

$$\frac{g}{\rho_0}\int_z^\eta \frac{\partial \rho}{\partial x}dz - \frac{1}{\rho_0 h}(\frac{\partial \sigma_{yx}}{\partial x} + \frac{\partial \sigma_{yy}}{\partial y}) + F_v + \frac{\partial}{\partial z}(v_t\frac{\partial v}{\partial z})$$

z 方向：

$$\frac{\partial p}{\partial z} + g\rho = 0$$

式中，x、y 为水平坐标，z 为垂向坐标；u、v、w 分别为 x、y、z 方向的流速分量；t 为时间；h 为总水深；η 为水面高程；g 为重力加速度；ρ_0 为水体参考密度；f 为柯氏力参数；p_a 为当地大气压，取 0.1 MPa；σ_{ij} 为辐射应力；v_t 为垂向紊动黏性系数；F_u、F_v 为水平应力项，可描述为

$$F_u = \frac{\partial}{\partial x}(2A\frac{\partial u}{\partial x}) + \frac{\partial}{\partial y}(A(\frac{\partial u}{\partial y} + \frac{\partial v}{\partial x}))$$

$$F_v = \frac{\partial}{\partial x}(A(\frac{\partial u}{\partial y} + \frac{\partial v}{\partial x})) + \frac{\partial}{\partial y}(2A\frac{\partial v}{\partial y})$$

式中，A 为水平涡粘系数。

研究江段为金沙江中、下游衔接段，该栖息地保护河段主要保护鱼类为齐口裂腹鱼、短须裂腹鱼等产黏沉性卵鱼类，其主要产卵时段分布在3—4月。因此，选择3—4月的不同来流情况和乌东德不同运行水位进行组合计算。分析在现状、乌东德按正常蓄水位 975 m 调度运行后，栖息地保护河段生境变化情况，确定乌东德水电站上游来流与水库运行水位的最优组合，保障产卵场位置有效水力生境。

4　结果分析

4.1　现状

在银江水电站在建、乌东德水电站回水未涉及产卵场所在江段的情况下，乌东德库尾江段受上游观音岩、金沙以及雅砻江桐子林电站非恒定流下泄影响。据统计，一般情况下，3—4 月河段日均流量 1 810 m³/s，日内最小流量与最大流量间相差在 199～1 910 m³/s。河段流量如图 5 所示。

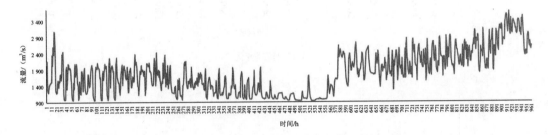

图 5　三堆子水文站 3—4 月实测逐时流量示意

大沙坝人工产卵场位于三堆子水文站下游月 5 km 位置。根据计算，大沙坝人工产卵场所在水域流速在 1.4～2.7 m/s，水深在 0.1～1.2 m，部分时段水深难以满足裂腹鱼类产卵繁殖较适宜的水力学生境条件，且受上游非恒定流下泄，河段流速、水深波动幅度较大，栖息地保护效果受到一定程度的影响（见图 6）。

4.2　乌东德水电站按正常蓄水位 975 m 蓄水运行后

（1）运行水位。

根据乌东德水电站运行调度规则，裂腹鱼类产卵时段（3—4 月），库水位基本维持在 973～975 m 运行。据三堆子水文站实测流量统计，3—4 月该河段流量在 940～3 710 m³/s。本次计算入库流量按图 5 所示给定，乌东德坝前水位自 973.0 m 起，按 0.5 m 为步长递增至 975 m。

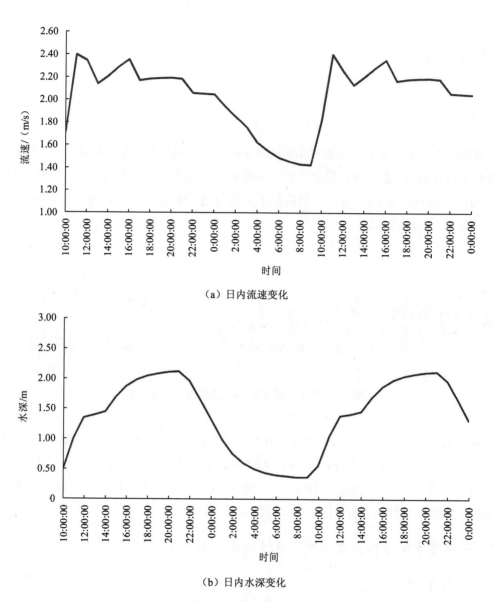

（a）日内流速变化

（b）日内水深变化

图6 现状库尾大沙坝段流速、水深日内变化示意

基于构建的模型，计算并统计了大沙坝水域连续两天内水位、流速变化情况，详见图7。表2中展示了乌东德水电站不同水位条件下库尾河段水深、流速的计算结果。据统计，当库水位在974.0 m以下，上游来流低于2 500 m³/s时，乌东德水库回水不涉及产卵场所在河段。据统计，3月至4月上旬，上游来流一般均小于2 500 m³/s，因此，库水位在974.0 m以下运行时，通过水库调蓄无法改变河段栖息地水力生境条件。

当库水位在974.0 m以上运行时，水库回水涉及产卵场所在河段。受乌东德水电站回水顶托，上游非恒定流下泄影响有所缓解。河段最大流速由2.7 m/s减小至2.0 m/s，最小流速在 0.8 m/s 以上，是裂腹鱼类产卵较适宜的急缓流交接流态。此外，库水位处于 974.0～974.5 m，人工产卵场所在近岸水深由现状的 0.2 m 增加到 0.5 m 以上，且水深日内变幅在鱼类能适应的区间。通过优化水库运行调度，有效地改善了栖息地保护水域的水力学生境。

表 2　乌东德水电站不同水位条件下库尾河段水深、流速统计

乌东德坝前水位/m	产卵场位置流速/（m/s）	产卵场位置水深/m
973.0	1.4～2.7	0.2～1.8
973.5	1.4～2.7	0.2～1.8
974.0	1.3～2.1	0.5～1.6
974.5	1.1～1.9	0.5～1.8
975.0	0.9～1.5	0.8～2.1

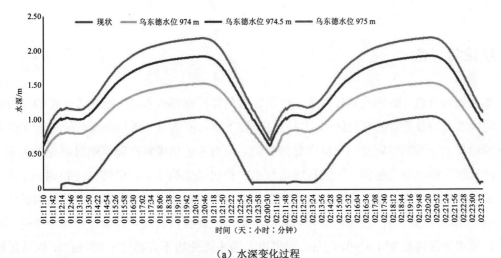

（a）水深变化过程

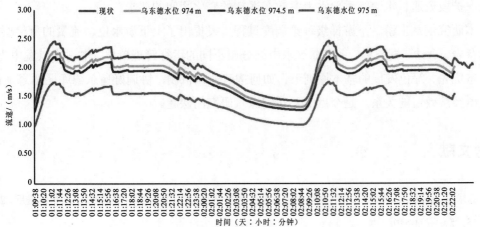

（b）流速变化过程

图 7　大沙坝段水深、流速变化过程

（2）上游来流。

根据鱼类习性特征，齐口裂腹鱼、短须裂腹鱼等集中繁殖期在 3 月下旬至 4 月上旬，从产卵到孵化时间约 10 d。在此期间，栖息地保护河段同样需要保持相对稳定的水位过程。而栖息地保护河段稳定的水位过程同时受上游来流和下游乌东德运行水位的影响，即在控制日内水位过程的同时，需要控制上游下泄流量。从日内流量变化来看，流量差控制在 1 600 m^3/s 基本可以保证栖息地保护段流速、水深等重要水力参数在适宜的变化区间。据三堆子实测流量统计，在观音岩、金沙、桐子林等电站正常运行情况下，该时段日均流量在 940～3 270 m^3/s，流量变化幅度略高于适宜的流量差控制阈值。通过计算，在三堆子 3—4 月实测流量条件下，在 3 月下旬至 4 月上旬鱼类繁殖期间，上游来流最小流量与最大流量差应不大于 1 600 m^3/s，且乌东德水电站库水位尽量在 974.0 m 及以上运行，可营造较适宜的水力生境。

5 结论与讨论

本文通过筛选、甄别齐口裂腹鱼、短须裂腹鱼等产卵繁殖水深、流速等典型的水力参数，明确水力参数适宜的变化区间，并通过调控下游水库水位，以达到缓解因上游非恒定流下泄而导致下游河段剧烈的水位变化的目的，同时考虑鱼类对产卵繁殖对流速的需求，对上游梯级下泄流量及过程、下游梯级运行水位提出量化的要求，明确梯级联调的原则，形成了以保护库尾栖息地为主要目的的生态调度方案，即在上游观音岩、金沙、桐子林等水电站正常调度运行下，在 3 月下旬至 4 月上旬齐口裂腹鱼、短须裂腹鱼等集中繁殖期，乌东德库水位保持在 974.0～974.5 m，时段内上游来流变幅不宜超过 1 600 m^3/s，以满足栖息地保护段流速、水深等重要水力参数在适宜的变化区间的要求。

本研究仅从上游、下游梯级理论调度过程出发提出了上下游水位、流量的量化要求，但观音岩、金沙、桐子林、乌东德等水电站分属不同的运行管理单位，电站均以发电为主，在生态优先、绿色发展的基本原则下，如何构建协调机制，协调好乌东德库尾栖息地保护与发电经济效益的关系，是今后需要我们深入研究的课题。

参考文献

[1] 陈求稳，张建云，莫康乐，等. 水电工程水生态环境效应评价方法与调控措施[J]. 水科学进展，2020，35（5）：793-810.

[2] SHI X，KYNARD B，LIU D，et al. Development of fish passage in China [J]. Fisheries，2015，40（4）：161-169.

[3]　杨宇，乔晔. 河流鱼类栖息地水力学条件表征与评述[J]. 河海大学学报：自然科学版，2007，35（2）：125-130.

[4]　KEMP J L，HARPER D M，CROSA G A. Use of functional habitats to link ecology with morphology and hydrology in river rehabilitation[J]. Aquatic Conservation：Marine and Freshwater Ecosystems，1999，9（1）：159-178.

[5]　SCRUTON DA，HEGGENES J，VALENTIN S，et al. Field sampling design and spatial scale in habitat-hydraulic modelling comparison of three models[J]. Fisheries Management and Ecology，1998，5（3）：225-240.

[6]　NYKANEN M，HUUSKO A. Suitability criteria for spawning habitat of riverine European grayling[J]. Journal of Fish Biology，2002，60（5）：1351-1354.

[7]　VILIZZI L，COPP G H，ROUSSEL J-M. Assessing variation in suitability curves and electivity profiles in temporal studies of fish habitat use [J]. River Research and Applications，2004，20（5）：605-618 .

[8]　Barmuta BARMUTA L. Habitat patchiness and macrobenthic community structure in an upland stream in Temperate Victoria Australia [J]. Freshwater Biology，1989，21（2）：223-236.

[9]　陈求稳. 生态水力学及其在水利工程生态环境效应模拟调控中的应用[J]. 水利学报，2016，47（3）：413-423.

[10]　HAN R，CHEN Q，LI R，et al. Investigation on Spinibarbus hollandi behaviors to flow conditions by laboratory physical model and numerical simulations [J]. Ecohydrology，2013，6（4）：586-597.

[11]　陈明千，脱友才，李嘉，等. 鱼类产卵场水利生境指标体系初步研究[J]. 水利学报，2013，44（11）：1303-1308.

[12]　韩仕清，李永，梁瑞峰，等. 基于鱼类产卵场水力学与生态水文特征的生态流量过程研究[J]. 水电能源科学，2016，34（6）：9-13.

[13]　樊皓，闫峰陵. 基于生态水力学法的金沙水电站最小下泄流量计算[J]. 水文，2016，36（3）：40-43.

[14]　王沛芳，王超，候俊，等. 梯级水电开发中生态保护分析与生态水头理念及确定原则[J]. 水利水电科技进展，2016，36（5）：1-7.

大藤峡运行后东塔产卵场鱼类繁殖期水量调度控制指标研究

刘丽诗[1] 王 丽[1] 葛晓霞[1] 谭细畅[2]

（1.珠江水资源保护科学研究所，广州 510611；2. 珠江水利委员会水文局，广州 510611）

摘 要：大藤峡水利枢纽运行后，改变下游河道水文节律，可能对其下游约 10 km 的东塔产卵场功能产生一定影响。为维系东塔鱼类产卵场鱼类产卵的正常功能，需研究分析鱼类产卵所需的水文节律过程，并以此作为控制指标实施水库生态调度来恢复河道生态环境。根据近十几年鱼类早期资源和水文观测数据，采用灰关联度、线性回归等不同统计方法分析东塔产卵场鱼类早期资源量与水文特征值的相关关系，结合西江流域生态调度实践经验，提出大藤峡水利枢纽在鱼类繁殖期开展水量调度时的控制指标要求：在每年的 5—7 月通过大藤峡水利枢纽的调度，当大湟江口断面流量达到 3 500 m³/s 以上时，控制其涨水历时不少于 4 d、涨水阶段的日涨率达到 1 000 m³/s 以上，退水天数不小于 3 d、退水阶段的流量控制在 3 500 m³/s 以上，每年调度频次不少于 1 次。研究成果可为大藤峡水利枢纽鱼类繁殖期调度期间最大限度发挥东塔鱼类产卵场功能提供技术参考。

关键词：大藤峡水利枢纽；鱼类产卵场；水量调度；生态水文

大藤峡水利枢纽位于珠江水系西江流域黔江干流大藤峡出口弩滩处，该江段鱼类资源非常丰富，既有多种国家重点保护鱼类和珠江水系特有鱼类，又是四大家鱼、广东鲂等多种经济鱼类的主要栖息地，分布有多个重要的鱼类产卵场，在流域内具有重要的生态保护地位。大藤峡水利枢纽的建设对西江干流中游至河口段水文情势、水生态环境，特别是对下游鱼类繁殖的影响，一直备受关注。工程运行后，如何维持鱼类产卵繁殖活动、保障鱼类生活史的完整，是流域水生态保护必须面对的问题。

根据研究，鱼类的产卵繁殖活动受河流水文情势影响，一般规律为随着径流量的增加，伴随水位上涨、流速加快，将会刺激鱼类的性腺发育，诱导鱼类的产卵活动发生，一方面径流量增加和流速加快可保证受精率、胚胎发育，使漂流性的鱼卵可以得到充分的漂流孵化，另一方面涨水后可使仔稚鱼有丰富的饵料生物，从而保证仔稚鱼有较高的成活率。为了缓解大藤峡水利枢纽运行对鱼类繁殖的影响，本项研究根据大藤峡江段的鱼类生活习性和产卵生境的分布情况，利用实测数据分析鱼类早期资源量与水文特征值的相关关系，结合西江流域生态调度实践经验，推求出适宜刺激四大家鱼产卵时水文过程，提出大藤峡水利枢纽在鱼类繁殖期开展水量调度所需的控制指标要求，为大藤峡水利枢纽工程未来营造鱼类产卵场适宜的生态水文过程，最大限度地发挥东塔鱼类产卵场鱼类产卵功能提供技术参考。

1 鱼类繁殖期水量调度研究进展

水利水电工程在完成其防洪、供水、发电及航运等综合效益的同时，不可避免地对河流生态系统造成不利影响，除了采取工程措施及管理措施避免或减缓不利影响外，开展水库生态调度，已经成为大型河流生态恢复的一项重要举措。水库生态调度的目标，是以维持河流健康可持续发展为总目标，其中包括维持河流生态系统完整性、生物多样性、生物可持续性等。

在鱼类繁殖期水量调度方面，国内外开展了多项研究。从 20 世纪 90 年代开始，国外研究人员在南非 Clanwilliam 大坝、美国科罗拉多河上的格伦峡大坝、澳大利亚墨累河流域、新西兰 Opuha 大坝等开展了鱼类繁殖期水量调度研究和实验。King 等研究通过调整南非 Clanwilliam 大坝在黄鱼产卵期（10 月—次年 1 月）的下泄流量，人为制造洪水以增加下游鱼类的产卵量，同时考虑下泄水温对鱼类产卵的影响。国内在水库生态调度研究实践方面相对较晚，近年来，溪洛渡电站、三峡工程、锦屏一级、二级水电站、珠江西江干流等都开展了鱼类繁殖期生态调度。其中，长江三峡工程 2011 年 6 月首次针对鱼类自然繁殖实施生态调度试验，促进了四大家鱼等自然繁殖，拓展三峡工程综合效益，提升三峡工程服务能力和需要。珠江西江干流 2016—2019 年连续 4 年开展了鱼类繁殖期生态调度试验，通过试验研究西江东塔产卵场四大家鱼卵苗量与水温、洪水过程、流速等因子的关系，提高珠江流域生态调度精度。

2 东塔鱼类产卵场栖息生境及调度目标鱼类

2.1 东塔鱼类产卵场栖息生境调查

东塔鱼类产卵场位于大藤峡坝下 10 km，主要产卵鱼类有草鱼、青鱼、鲢鱼、鳙鱼、鲤鱼、鲮鱼、赤眼鳟、卷口鱼、鳊鱼、斑鳠、鳡鱼和盆鲶等，是珠江流域最大鱼类产卵场，也是珠江流域鱼类生物多样性最为丰富的江段，有重要的经济价值及水生生物资源保护价值。

产卵场长约 7 km，黔江、郁江、浔江在此汇流，生态景观格局以"三江汇流、宽阔河谷"为主体，三江汇流提供了复杂多变的水文条件，尤其产卵场水域的急流、缓流、紊流、涡流等多样性高，流场流态多样，形成大量的泡漩水，有利于鱼卵充分吸水、膨胀。产卵场所在之处河道开阔，河心洲、河岸浅滩多布，且面积较大；鱼类栖息地特征多样，各种进出口和通道相对通畅。产卵场岸带植被的外延梯度变化多样且构成相对稳定。产卵场河道左右两侧地势比较平缓，植被群落以灌木为主，河道较宽，水流较急；在河道的中间出露水面上面的滩地上，以灌草为主，作为陆域生态系统与水域生态系统的天然交换场所，既可以作为鱼类产卵的栖息地，又可作为鱼类生存的饵料场地（见图1）。

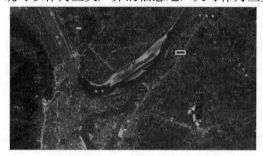 

图 1　东塔鱼类产卵场

2.2　调度目标鱼类选择

鱼类是河流生态系统中的主要生物类群，是维系河流生态健康的重点关注目标。鱼类的产卵繁殖活动受河流水文情势影响，一般规律为随着径流量的增加，伴随水位上涨、流速加快，将会刺激鱼类的性腺发育，诱导鱼类的产卵活动发生，一方面径流量增加和流速加快可保证受精率、胚胎发育，使漂流性的鱼卵可以得到充分的漂流孵化，另一方面涨水后可使仔稚鱼有丰富的饵料生物，从而保证仔稚鱼有较高的成活率。相关研究表明，四大家鱼产卵类型属典型的产漂流性卵的鱼类，是对水文情势刺激最为敏感、对水文情势要求最为苛刻的种类，从已经实施的生态调度研究及试验来看，四大家鱼与调度洪峰等相关性非常明显，根据 2013—2017 年三峡水库生态调度期间在长江中游监利江段鱼类早期资源调查结果，四大家鱼卵苗量与流量增长率呈显著正相关；2018 年 6 月，汉江中下游梯级联合生态调度期间，汉川江段出现的一次鱼类产卵高峰中，四大家鱼鱼卵占家鱼卵总径流量的85.5%，表明生态调度对四大家鱼的繁殖具有积极作用。因此，以四大家鱼生态需求进行调度，不仅能够促进四大家鱼的产卵繁殖，也可以诱导与洪峰关系紧密的其他鱼类的繁殖。

3 东塔产卵场鱼类繁殖期水量调度控制指标分析

3.1 鱼类卵苗量和水文特征值的关系分析

根据国内外对四大家鱼自然繁殖生态水文指标研究的研究成果，结合近年来在东塔鱼类产卵场开展的生态需水研究，选取产卵场下游大湟江口水文站平均水温、平均流量、流量平均日涨率、流量涨幅、水位平均日涨率、水位涨幅、涨水天数、初始水位、洪水天数、前期产卵量（前 15 日）作为卵苗量的影响因子。从卵苗量与各水文特征值的相关系数来看，卵苗量与大湟江口平均流量、流量平均日涨率、流量涨幅、水位平均日涨率、水位涨幅总体呈正比关系。考虑卵苗量与水位和流量的关系一致，且水位和流量自身存在相关关系，本次研究选择四大家鱼卵苗量与大湟江口平均流量、流量平均日涨率、流量涨幅 3 个水文要素进行详细分析，水温、涨水历时和洪水天数作为约束性因素。

3.1.1 卵苗量与大湟江口平均流量关系

从四大家鱼卵苗量与大湟江口平均流量关系散点分布图（见图 2）可以看出，四大家鱼卵苗量与大湟江口平均流量总体呈正比趋势，大湟江口场次洪水平均流量大于 3 200 m³/s 时开始有四大家鱼卵苗量，平均流量 5 000 m³/s 以上开始有较大规模的卵苗量。从卵苗量的分布看，四大家鱼卵苗量集中分布在平均流量 7 000～9 000 m³/s 的区域。

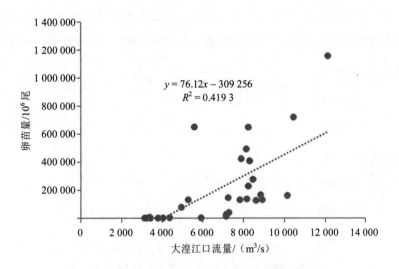

图 2 四大家鱼卵苗量与大湟江口平均流量关系散点分布

3.1.2 卵苗量与大湟江口流量平均日涨率关系

从四大家鱼卵苗量与大湟江口流量平均日涨率关系散点分布图（见图 3）可以看出，两者关系整体呈正比趋势，较大规模卵苗量主要集中在日涨率 1 200～2 000 m³/s 的区域。

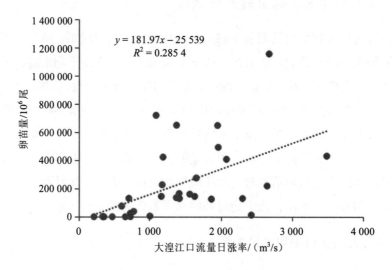

图 3　四大家鱼卵苗量与大湟江口流量平均日涨率关系散点分布

3.1.3 卵苗量与大湟江口流量涨幅关系

从四大家鱼卵苗量与大湟江口流量涨幅关系散点分布图（见图 4）可以看出，两者关系总体呈正比趋势，较大规模卵苗量主要集中在涨幅 7 000～13 000 m³/s 的区域。

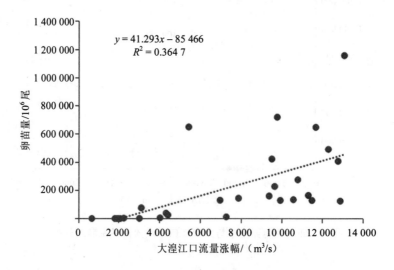

图 4　四大家鱼卵苗量与大湟江口流量涨幅关系散点分布

3.1.4　卵苗量与洪水天数、涨水历时的关系

根据大湟江口多年统计数据，流量上涨的多年平均天数为 3.07 d，退水天数为 4.73 d。从 2008—2012 年共 30 场监测到卵苗量的洪水过程来看，单峰洪水过程总天数一般为 7～15 d，涨水历时 4～9 d；双峰洪水过程总天数 16～29 d，前峰过程总天数一般为 7～15 d，前峰涨水历时一般为 4～7 d。

3.1.5　卵苗量与水温的关系

根据长江流域研究成果，四大家鱼产卵最低水温为 18℃，珠江流域气温整体高于长江流域，从有卵苗量同步测验的 32 场洪水过程统计（见图 5）可以看出，大湟江口平均水温低于 22.4℃时，四大家鱼卵苗量很少或为零，较大规模卵苗量主要集中在水温为 24～28℃，分布中心点为 26.7℃，左右对称收敛，由此推断 26.7℃是珠江水系四大家鱼的适宜繁殖水温。东塔鱼类产卵场 4 月底至 5 月初水温达到 22.4℃以上，水温 26.7℃一般出现在 6—7 月。

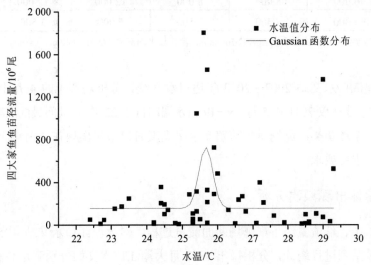

图 5　四大家鱼产卵期鱼苗量与水温分布

3.2　推荐控制指标

根据鱼类卵苗量与水文特征值的相关关系分析结果，以起涨流量、流量涨幅、洪水天数及涨水天数作为主要控制指标，分别模拟高流量级（12 000～15 000 m³/s）、中流量级（8 000～12 000 m³/s）、低流量级（5 000～8 000 m³/s）下的产卵场断面流量过程作为控制指标。

东塔产卵场低流量级（5 000～8 000 m³/s）洪水过程：低流量级时洪峰流量宜为 6 000～

8 000 m³/s，起涨流量 Q_0 最小为 3 000 m³/s，最大为 5 500 m³/s，此时，Q_0 对应的东塔产卵场断面平均流速为 0.96～1.30 m/s，洪水起涨大约 2 d 后四大家鱼开始产卵，涨水历时 4 d，退水历时 5 d，洪水总历时为 9 d；退水率稍小于涨水率，落洪流量为 3 000～4 500 m³/s。

东塔产卵场中流量级（8 000～12 000 m³/s）、高流量级（12 000～15 000 m³/s）洪水过程：若确定中、高流量级下的洪水历时与低流量级下的洪水历时相同，则低、中、高不同流量级下流量过程的控制值见表 1。中、高流量级下的涨水历时可加大，加大后的流量过程线仍按照同样方法拟定。

表 1　东塔产卵场高、中、低流量级下的流量过程控制值

调度日	流量过程控制值/（m³/s）					
	低流量级		中流量级		高流量级	
	下流量线	上流量线	下流量线	上流量线	下流量线	上流量线
0	3 000	5 500	4 000	6 000	4 000	6 000
4	6 000	8 000	8 000	12 000	12 000	15 000
9	3 000	4 500	3 500	5 000	3 500	5 000

注：涨水期流量控制要求：总流量涨幅 $\Delta Q > 2\ 500$ m³/s，流量日平均涨率 $\Delta Q/\Delta t > 600$ m³/（s·d）。

根据大湟江口水文站 2007—2013 年逐日水文统计分析，每年的 4 月中下旬以后，水温均在 22.4℃ 以上（仅 2011 年 5 月 16—19 日水温略低于 22.4℃，其间最低水温为 22℃）。从水温的角度，东塔鱼类产卵场鱼类繁殖期水量调度时机最早出现在 4 月中下旬，5 月中旬以后均可满足水温要求。

3.3　控制指标出现频次分析

根据高、中、低流量级下产卵场断面流量过程，对大湟江口水文站 1956—2013 年的实测逐日流量系列进行统计，分析每年 4—7 月大湟江口水文站分别满足高流量、中流量、低流量级过程的次数。结果表明，大湟江口水文站平均每年发生满足高、中、低流量级的流量过程次数为 3.0 次，其中高流量级为 1.8 次，中流量级为 0.6 次，低流量级为 0.6 次。发生满足流量过程次数最多的是 1981 年，共发生 5 次；发生满足流量过程次数最少的是 1977 年，仅有一次小洪水过程满足要求。4 月、5 月、6 月和 7 月满足流量过程的次数分别为 12 次、59 次、66 次和 32 次。

对满足高、中、低流量过程不同次数的比例进行统计，发现在 1956—2013 年 70 年的统计数据中，每年出现 3 次满足高、中、低流量过程的比例最大，占比 48%，其次是每年出现 2 次和 4 次过程，分别占比 28% 和 21%。对于不同流量级，每年出现高流量级的次数主要为 1～2 次，占比达 81%，出现 3 次的比例为 15%；每年出现中流量级的次数主要为 0～

1 次，占比达 90%，出现 2 次的比例为 10%；每年出现低流量级的次数主要为 0～1 次，占比 93%，出现 2 次的比例为 7%。可以看出，大湟江口水文站每年出现符合高、中、低流量过程的次数在 1～5 次，以每年出现 3 次的比例最高，且以高流量过程为主；出现的月份主要在 5—6 月，其次是 7 月，4 月较少出现符合高、中、低流量过程。

4 大藤峡水利枢纽鱼类繁殖期水量调度要求

自 2016 年起，水利部珠江水利委员会连续开展西江干流生态调度方案试验。根据调度实践经验，表明四大家鱼等主要鱼类产卵繁殖需要一个涨退水过程，每次过程历时约 9 d，每年出现频次 1～5 次，以 3 次为主，涨退水过程的适宜流量在 3 000～15 000 m^3/s；当没有适宜的涨退水过程时，即使流量大于 3 000 m^3/s，也未能监测到大规模的四大家鱼产卵行为。综合鱼类卵苗量与水文特征值的分析结果、近年西江干流鱼类繁殖期生态试验调度结果，建议大藤峡水利枢纽的调度要求如下。

4.1 调度流量指标要求

大藤峡水利枢纽位于东塔鱼类产卵场上游 10 km，是距离东塔产卵场最近的流域控制性工程，可作为流域生态调度的重要节点，在生态调度期间使大湟江口断面流量过程满足调度目标要求，即具体调度目标分为 3 个流量级，洪峰流量分别为 5 000～8 000 m^3/s、8 000～12 000 m^3/s、12 000～15 000 m^3/s 的低、中、高流量级调度过程，且以中、高流量级的调度过程为佳。具体调度过程控制要求如下：大湟江口流量达到 3 500 m^3/s 以上，涨水天数至少为 4 d，涨水阶段流量的日均涨率需达到 1 000 m^3/s 以上，退水阶段退水天数不少于 3 d，鱼卵漂程范围内流速大于 0.25 m/s（对应大湟江口流量不小于 3 500 m^3/s）。

4.2 调度时间要求

根据历史文献记载的四大家鱼主要产卵季节确定调度时间为每年的 4—7 月，但从 4 月水温统计数据可以看出，4 月水温总体偏低，一般要到 4 月底才能达到四大家鱼最低适宜产卵水温；从历史实测流量系列统计数据来看，4 月出现满足调度流量过程要求的次数仅为 12 次，仅占总次数的 7.1%；从 2016 年起连续 3 年的试验调度情况看，每年的试验调度均在 5 月以后才有适宜的来水开展试验调度。因此建议在每年的 5—7 月，预报上游有适宜的涨水过程时，开展大藤峡水利枢纽工程鱼类繁殖期水量调度。

4.3 调度频次要求

从大湟江口水文站满足高、中、低流量过程次数统计结果可以看出，每年出现满足高、中、低流量级过程的次数主要为 2～3 次，且以高流量过程为主，综合历史统计结果，在实施鱼类繁殖期调度时，结合每年来水情况，建议调度次数以 2～3 次为宜；若遭遇特枯年份，流域持续无明显涨水过程，建议在每年 7 月下旬开展一次低流量级过程调度。

5 结论与建议

5.1 结论

本研究针对大藤峡水利枢纽坝下东塔鱼类产卵场，选择了对水文情势最为敏感的四大家鱼作为调度目标鱼类，结合近年来在水利部珠江水利委员会等单位在西江干流所开展的鱼类早期资源量监测数据，详细分析东塔产卵场鱼类早期资源量与水文特征值的相关关系，分别推求出能刺激四大家鱼产卵时的适宜水文过程，最终推荐大藤峡水利枢纽在鱼类繁殖期水量调度要求：在每年的 5—7 月，当大湟江口流量达到 3 500 m³/s 以上，且预报上游有适宜的涨水过程时，开展大藤峡水利枢纽工程鱼类繁殖期生态调度；调度时应控制大湟江口流量涨水天数至少为 4 d，涨水阶段流量的日均涨率达到 1 000 m³/s 以上，退水阶段退水天数不小于 3 d，并控制鱼卵漂程范围内流速大于 0.25 m/s（对应大湟江口流量不小于 3 500 m³/s）；结合每年来水情况，建议调度次数以 2～3 次为宜；若遭遇特枯年份，流域持续无明显涨水过程，建议在每年 7 月下旬开展一次低流量级过程调度。

5.2 建议

鱼类繁殖期水量调度应在确保防洪安全的前提下实施，统筹兼顾电力供应、航运交通等多方需求，形成满足目标鱼类繁殖期需求的流量过程。

加强大藤峡水利枢纽影响范围内河段的水文、水动力和水生态等多要素综合性监测，不断积累基础数据，深入研究本江段主要鱼类洄游、产卵及发育所需的生境条件，使生态调度逐步从单一的满足代表性鱼类繁殖需求，向构建以鱼类多样性保护为主的健康河流生境方向转变。

参考文献

[1] 王丽，朱远生，杨晓灵，等. 大藤峡水利枢纽工程设计中的水生态优化措施[J]. 水资源保护，2016，32（3）：74-78，83.

[2] 郭文献，王艳芳，彭文启，等. 水库多目标生态调度研究进展[J]. 南水北调与水利科技，2016（4）：84-90.

[3] Jager H I，Smith B T. Sustainable reservoir operation：Can we generate hydropower and preserve ecosystem values[J]. River Research and Applications，2008，24（3）：340-352.

[4] 陈进，李清清. 三峡水库试验性运行期生态调度效果评价[J]. 长江科学院院报，2015，32（4）：1-6.

[5] King J，Cambray J A，Impson N Dean. Linked effects of dam - released floods and water temperature on spawning of the Clanwilliam yellowfish Barbus capensis[J]. Hydrobiologia，1998，384（1）：245-265.

[6] 杨芳，万东辉，解河海，等. 西江水库生态调度探索与实践[C]. 2017 第九届河湖治理与水生态文明发展论坛，2017.

[7] 黎小正，吴祥庆，秦振发，等. 模糊综合评价广西桂平东塔鱼类产卵场水质状况[J]. 广西科学院学报，2010，26（3）：363-366.

[8] 周雪，王珂，陈大庆，等. 三峡水库生态调度对长江监利江段四大家鱼早期资源的影响[J]. 水产学报，2019，43（8）：1781-1789.

[9] 汪登强，高雷，段辛斌，等. 汉江下游鱼类早期资源及梯级联合生态调度对鱼类繁殖影响等初步分析[J]. 长江流域资源与环境，2019，28（8）：1909-1917.

[10] 帅方敏，李新辉，李跃飞，等. 珠江东塔产卵场鲱繁殖的生态水文需求[J]. 生态学报，2016，36（9）：6071-6078.

[11] 周华彬，余春雪，苏美蓉. 考虑鱼类产卵场健康的生态需水核算——以西江东塔产卵场为例[J]. 人民珠江，2020，41（5）：61-72.

野生岷江柏迁地保护居群的遗传多样性研究

谢祥兵[1] 刘四华[2] 张蜀豫[1] 常二梅[3,4] 刘建锋[3,4] 黄跃宁[3,4]

（1.四川大渡河双江口水电开发有限公司，马尔康 624011；2.国能大渡河流域水电开发有限公司，成都 610095；3.中国林业科学研究院林业研究所，北京 100091；4.国家林业局林木培育重点实验室，北京 100091）

摘　要：通过分析岷江柏的迁地保护居群和野生居群的遗传多样性、遗传结构及居群间基因流，判断迁地保护岷江柏居群的遗传多样性水平，为其迁地保护提供理论基础。本研究利用简化基因组测序（Genotyping-by-Sequencing，GBS）测序技术获得的单核苷酸多态性（SNP）位点对四川大渡河双江口岷江柏迁地保护移栽苗、苗圃播种苗及3个野生居群进行主成分分析（PCA分析）、聚类分析、分子进化树、遗传多样性和遗传结构分析。经过 GBS 测序共获得高质量纯净数据（Clean Data）118 321 514 728 bp，并开发了 1 947 047 个标签（tags），从中鉴定到了 1 259 610 个 SNP 位点。系统发育进化树显示大部分移栽岷江柏居群和野生岷江柏聚在一起，居群结构分析结果显示交叉验证错误率的谷值确定最优分群数为 1。4 个岷江柏居群的观测杂合度（Ho）、期望杂合度（He）、Shannon 信息指数（Shi）、近交系数（Fis）、多态信息含量（Pic）的值分别为 0.181 5～0.272 0、0.223 2～0.300 3、0.331 0～0.464 9、0.178 0～0.246 5 和 0.272 2～0.309 2，说明岷江柏居群的遗传多样性水平较高。移栽岷江柏居群的 He=0.300 3、Shi=0.464 9，岷江柏居群迁地保护居群遗传多样性总体水平略高于野生居群。野生岷江柏居群中白湾隧道（BW）_vs_松岗镇（SA）的遗传分化指数（Fst）较大，基因流（Nm）较小（Fst=0.091，Nm=2.496），而迁地保护的岷江柏居群与野生岷江柏居群没有明显的遗传分化，居群间的基因交流频繁（Fst＜0.05，基因流 Nm＞4），说明没有明显的分群现象，岷江柏居群迁地保护居群遗传多样性较高。因此，移栽濒危植物是迁地保护过程中较好的方法，本文可为以后野生岷江柏迁地保护提供参考，为其他树木种质资源的保存提供理论依据。

关键词：岷江柏；野生居群；迁地保护居群；GBS；遗传多样性；遗传结构

岷江柏（*Cupressus chengiana*）是国家二级保护植物，主要分布在岷江流域、大渡河流域和白龙江流域，是特有的水土保持和造林的先锋造林树种之一[1-3]，具有很高的生态和研究价值[4]。前期的研究表明野生岷江柏具有较高的遗传多样性[5-6]，受人为干扰等因素造成野生居群的遗传多样性水平逐渐降低。四川大渡河中上游地区的岷江柏数量约占天然岷江柏数量的 90%[1]，近年来，由于四川大渡河水电站的开发，造成两岸的野生岷江柏直接被淹没，岷江柏野生种群面积日益缩小，而野生天然林的遗传多样性、稳定性高于人工林[7-9]。因此，保护野生岷江柏种质资源势在必行。大量研究表明，迁地保护是有效保护野生物种居群延续的有效方法[10-11]。迁地保护后的居群遗传多样性、遗传结构及居群间基因流水平等是判断迁地保护有效性的重要指标[12-13]。对濒危的野生物种如黄梅秤锤树（*Sinojackia huangmeiensis*）、金花茶（*Camellia nitidissima*）的迁地保护居群和其野生居群进行遗传多样性和遗传结构状况对比分析，发现迁地保护能有效地保存这些植物的种质资源，但是仍存在迁地保护居群较小的问题[14-15]。而狭叶坡垒（*Hopea chinensis*）、广西火桐（*Erythropsis kwangsiensis*）、南方红豆杉（*Taxus wallichiana* var. mairei）迁地保护居群的遗传多样性较低[16-18]，这可能是由于迁地保护中收集种子的范围小，没有涵盖整个居群。因此，对野生居群和迁地保护居群的遗传多样性评价对于濒危植物居群保育具有重要意义。

将物种从野生状态下移栽到某一地方后其遗传多样性可能会发生变化，简化基因组测序（Genotyping-by-Sequencing，GBS）测序技术能有效地对种质资源居群结构和遗传多样性进行研究[19-20]，InDel 和 SNP 标记被用于遗传和进化研究在许多植物物种中，如利用插入缺失（InDel）和单核苷酸多态性（SNP）位点分析宽皮柑橘（*Citrus reticulata*）、密花石斛（*Dendrobium densiflorum*）的居群遗传和进化[21-22]。岷江柏迁地保护的地理位置与原来野生居群的地理位置不同，海拔、气温及湿度等生长环境差异较大。而对于迁地保护后的岷江柏居群和野生居群遗传多样性、居群结构等诸多方面评价还缺乏较为系统的研究。因此，本文利用 GBS 高通量测序技术和生物信息分析技术，通过对野生居群和迁地保护居群进行遗传多样性分析对比，探索这两类居群在居群遗传结构和系统发育等方面的差异，为岷江柏天然居群的迁地保护提供技术保障和科学参考。

1 材料与方法

1.1 材料

2012 年开始的四川大渡河上游长河坝电站建设直接影响野生岷江柏的生存环境及物种保护，2019 年 8 月对 4 个地点的岷江柏居群采样（具体分布地点见表 1）。选取当卡村土料场移栽的不同高度（＜1.0 m、1.0～1.5 m、1.5～2.5 m、2.5～3.0 m）的移栽苗 18 株、当卡村土料场人工播种苗 4 株、松岗镇野生苗 4 株、热足电站野生苗 3 株、白湾隧道西边野生苗 4 株。采集以上 33 株的当年生叶片放入液氮中保存备用。

表 1　供试的岷江柏居群概况

采集地点	居群类型	编号	平均株高/cm	株数/株
当卡村 1	移栽居群	DK-a1、DK-a2、DK-a3、DK-a4	72.38	4
当卡村 2	移栽居群	DK-b1、DK-b2、DK-b3、DK-b4	116.63	4
当卡村 3	移栽居群	DK-c1、DK-c2、DK-c3、DK-c4	178.4	4
当卡村 4	移栽居群	DK-d1、DK-d2、DK-d3、DK-d4、	196.75	4
当卡村 5	移栽居群	DK-e1、DK-e2	279.5	2
当卡村苗圃	播种居群	MR-a1、MR-b1、MR-c1、MR-d1	55.75	4
松岗镇	野生居群	SA-a1、SA-b1、SA-c1、SA-d1	134.48	4
热足电站	野生居群	RJ-a1、RJ-b1、RJ-c1、RJ-d1	121.67	3
白湾隧道	野生居群	BW-a1、BW-b1、BW-c1、BW-d1	150.75	4

1.2　试验方法

利用十六烷基三甲基溴化铵（CTAB）法提取岷江柏叶片的 DNA，用 $OD_{260/280}$ 值和质量浓度为 1.5%琼脂糖凝胶电泳检测 DNA 的质量和浓度。质量合格的 DNA 进行 PCR 扩增。建好文库并经过纯化、库检、Hiseq X10 PE150 上机测序。通过测序质量评估过滤后得到测序原始数据。使用聚类软件 Stacks（1.43）进行读长（reads）聚类，设置参数为-m6-M6-N0-i1-H，得到标签（tags）。再对 tags 进行重叠部分（overlap）处理，对于没有 overlap 的 tags 用 N 进行链接，最后用脚本制作成大小一致的假基因组进行后续分析[21]。

1.3　生物信息学分析内容

1.3.1　遗传多样性分析

对于鉴定到的 SNP 和 InDel 用 Annovar 软件进行注释[20]。根据得到的 SNP 信息，计算样品间距离，对样品进行居群主成分分析（PCA 分析）、聚类分析、构建分子进化树，从而推断出居群间的亲缘关系远近。

1.3.2 居群遗传学分析

利用 POPGENE version 1.32 计算观测杂合度（Ho）、期望杂合度（He）、基因多样性指数（Nei）、多态信息含量（Pic）、Shannon 信息指数（Shi）、固定指数 F（F-index）、核苷酸多样性（Pi）、遗传分化指数（Fst）、基因流（Nm）[21]。利用 Treebest 软件，采用邻接法（neighbor-joining methods）构建进化树。使用 Admixture 软件进行居群结构分析。居群结构分析图注中，以每种颜色代表一个居群，用每个竖线块代表一个样本；每个竖线块的宽度代表在祖先居群中的比例。居群结构交叉验证分析图注，找到最合适的 K 值[23]。

2 结果与分析

2.1 测序质量

将 18 株岷江柏移栽个体、4 株播种个体及 11 株野生岷江柏个体进行 GBS 测序，共获得 Clean Data118 321 514 728 bp，Q20 平均值为 96.81%，Q30 平均值（测序碱基质量值，即测序时错误识别的概率是 0.1%、正确率为 99.9%的碱基比例）为 91.23%，GC 含量（鸟嘌呤和胞嘧啶所占的比率）为 35.22%，岷江柏居群过滤后的 SNP 位点有 1 259 610 个。

2.2 岷江柏迁地保护和野生居群的遗传聚类分析

根据岷江柏居群测序过滤后的 1 259 610 个 SNP 位点进行分析，构建迁地保护居群和野生居群个体的系统发育进化树（见图 1），从图 1 过滤后的可以看出，共分 5 个分支，第一分支包括高度为 2.0～2.5 m、2.5～3.0 m 的当卡土料场移栽地的岷江柏个体；第二分支包括高度为 2.5～3.0 m 的当卡土料场移栽地岷江柏个体、苗圃地的播种种植的岷江柏个体、热足电站野生岷江柏个体；第三分支包括高度为 1.0～1.5 m、1.5～2.0 m、当卡土料场移栽的岷江柏个体，第四分支包括高度小于 1.0 m 当卡土料场移栽的岷江柏个体、苗圃地播种种植的岷江柏个体、白湾隧道野生的岷江柏个体聚在一起；尤其是第五分支包括当卡土料场移栽种植的岷江柏个体、热足电站野生的岷江柏个体、白湾隧道野生的岷江柏个体、松岗镇野生的岷江柏个体，表明移栽的岷江柏个体和野生的岷江柏个体之间有较近的亲缘关系。

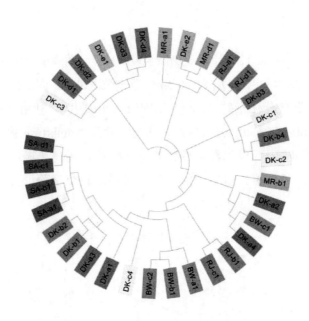

图 1 岷江柏个体系统发育进化树（环状）

2.3 岷江柏迁地保护和野生居群的主成分分析

居群主成分分析能反映出岷江柏个体之间的亲缘关系（见图 2）。PC1、PC2 的贡献率分别为 3.77%和 3.65%，累计贡献 7.42%。PC2、PC3 的贡献率分别为 3.65%和 3.46%，累计贡献 7.11%。PC1、PC2、PC3 共同解释了 10.88%的总变异。贡献率低说明 33 个岷江柏个体没有被分开。不同地点间的个体在 PCA 图上的分布分散，但没有明显的分群现象，这也表明所有个体之间亲缘关系比较近。与岷江柏个体系统发育进化树的结果相似，表明移栽的岷江柏个体没有产生遗传变异，表明这些岷江柏个体可能是来自同一个居群。

2.4 岷江柏迁地保护和野生的居群结构分析

通过 Structure 软件基于开发出的 1 259 610 个 SNP 位点，将迁地保护和野生居群的 33 个岷江柏个体进行交叉验证聚类。从图 3 可以看出交叉验证错误率的谷值确定最优分群数为 1。K 值设置为 1~9 进行聚类（见图 4），聚类情况及各个 K 值对应的交叉验证错误率，K 值等于 2~5、8~9 时，DK-a4 和 RJ-d1 聚在一起，说明这两个个体亲缘关系较近，移栽居群和野生居群的遗传多样性差异不大。结果表明 33 个岷江柏个体为一个居群，进一步说明聚类的准确性，可以判断岷江柏移栽后遗传多样性没有发生改变。

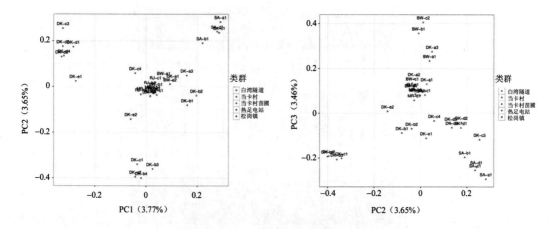

图2　岷江柏迁地保护和野生居群的主成分分析

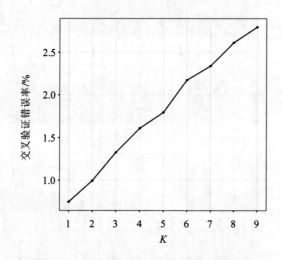

图3　岷江柏迁地保护和野生居群的不同 *K* 值所对应的的交叉验证错误率

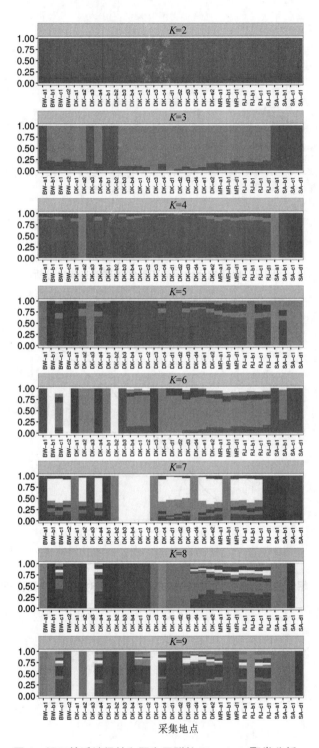

图 4 岷江柏迁地保护和野生居群的 Structure 聚类分析

2.5　岷江柏遗传多样性分析

当卡村的迁地保护居群、松岗镇野生居群、热足电站野生居群、白湾隧道野生居群 4 个居群的遗传多样性分析结果显示，观测杂合度（Ho）、期望杂合度（He）、基因多样性指数（Nei）及 Shannon 信息指数（Shi）的平均值分别为 0.243 7、0.303 1、0.308 6、0.470 7（见表 2）。当卡土料场的迁地保护居群的 He、Nei、Shi 的值分别为 0.300 3、0.308 9、0.464 9，均高于其他居群，说明迁地保护的岷江柏居群遗传多样性最高。多数位点的观测杂合度均小于期望杂合度，这可能与居群内存在不同程度的近交、所取样本小等有关。Pi 值在 −0.031 9～0.187 0，Pic 值在 0.272 2～0.308 9，4 个岷江柏居群的 F_index 值进行比较，当卡土料场的迁地保护居群为 0.246 5，位列第一，松岗镇野生居群最低，为 0.178 0。这个分析结果说明本研究中不同地理来源的岷江柏居群基因的多样性水平较高，当卡土料场的迁地保护居群的遗传多样性水平最高，热足电站野生居群、白湾隧道野生居群遗传多样性水平次之，而松岗镇野生居群最低。

表 2　岷江柏迁地保护和野生居群间的遗传多样性分析

编号	数量	观测杂合度（Ho）	期望杂合度（He）	基因多样性指数（Nei）	Shannon 信息指数（Shi）	固定指数（F_index）	核苷酸多样性（Pi）	多态信息含量（Pic）
BW	4	0.242 0	0.248 9	0.291 4	0.371 0	0.199 3	0.027 7	0.294 4
DK	21	0.250 0	0.300 3	0.308 9	0.464 9	0.246 5	0.167 5	0.308 9
RJ	4	0.272 0	0.263 6	0.307 1	0.393 4	0.211 3	-0.031 9	0.309 2
SA	4	0.181 5	0.223 2	0.265 2	0.331 0	0.178 0	0.187 0	0.272 2
所有样本	33	0.243 7	0.303 1	0.308 6	0.470 4	0.249 4	0.195 9	0.296 2

Fst 值是表征居群间的遗传分化程度（见表 3），对比后发现 BW_vs_DK、BW_vs_RJ、DK_vs_RJ 的 Fst 值在 0～0.05，说明岷江柏居群间的遗传分化很弱；DK_vs_SA 和 BW_vs_SA 的 Fst 值在 0.05～0.15，说明岷江柏居群间遗传分化属于中等水平；在 5 个成对居群的 Fst 值中，没有成对居群的 Fst 值大于 0.25。由此可知，4 个岷江柏居群间几乎不存在着明显的遗传分化。DK_vs_SA 和 BW_vs_SA 的 Fst 值分别为 3.541 3 和 2.497 0，表现出较高的基因交流水平。BW_vs_DK、BW_vs_RJ 和 DK_vs_RJ 的 Fst 值分别为 6.805 6、5.173 3 和 10.815 9，表现为高度的基因交流水平，说明当卡土料场的迁地保护居群和热足电站野生居群的遗传距离最近，并且可以看出岷江柏居群间的遗传分化程度较小。

表 3 岷江柏迁地保护和野生居群间的遗传分化系数和基因流参数

居群间遗传多样性比较	遗传分化指数（Fst）	基因流（Nm）
Fst_BW_vs_DK	0.035 4	6.805 6
Fst_BW_vs_RJ	0.046 1	5.173 3
Fst_BW_vs_SA	0.091 0	2.497 0
Fst_DK_vs_RJ	0.022 6	10.815 9
Fst_DK_vs_SA	0.065 9	3.541 3

Pairwise Fst 统计可以用于不同居群之间的遗传多样性研究。DK_vs_SA 和 BW_vs_SA 的 Fst 值分别为 0.151 和 0.152，说明遗传有显著差异，表明其遗传距离与其他居群也是较远的。从表 4 可看出，迁地保护的居群与热足电站和白湾隧道野生岷江柏居群 Fst 值均没有表现出显著性差异，这 3 个居群的遗传距离较近。

表 4 各居群之间差异位点 Pairwise Fst 统计

居群	BW	DK	RJ	SA
BW	0.137	0.142	0.138	0.152*
DK		0.139	0.138	0.151*
RJ			0.132	0.148
SA				0.148

注：当 0.15＜Pairwise Fst＜0.25 时显著差异，用*表示[24]。

3 讨论

以往研究中，GBS 技术利用开发的 SNP 标记应用于小麦（*Triticum aestivum*）、砂生槐（Sophora moorcroftiana）、沉水樟（Cinnamomum micranthum）、牛樟（*C. kanehirae*）等许多植物的居群遗传分析[25-27]。本研究运用 GBS 技术鉴定的 SNP 位点分析发现，大部分群聚在一起的迁地保护岷江柏居群和野生岷江柏居群没有明显的分群现象。这与广西火桐植物园迁地保护居群和部分野生居群聚在一起的结果相似[17]，说明岷江柏移栽居群和野生居群的遗传多样性差异不大。

保存野生岷江柏居群的遗传多样性是迁地保护成功的关键[6-7]。本文中迁地保护的岷江柏居群的 He=0.300、Shi =0.465，高于四川省和甘肃省的 8 个自然居群的 ISSR 方法测定 He=0.226、Shi=0.347 和 AFLP 方法测定的 He=0.113、Shi=0.171[6,28]，这些岷江柏居群的 Ho＜He，可能是岷江柏居群的近交严重造成的。但是在以往的研究中大部分迁地保护的居群的遗传多样性水平均低于野生居群，如金花茶居群、狭叶坡垒[15-16]，这可能是迁地保存的种子繁殖苗采取同一棵母株的种子，从而降低了单位引物多态位点比率。岷江柏居群迁地保护居群遗传多样总体水平略高于野生居群，主要原因：一是移栽能较好地保存野生居群遗传多样性；二是在迁地保存的移栽苗来自多个自然居群，从而增加了遗传多样性水平。

岷江柏的 4 个居群中只有 BW_vs_SA 的遗传分化程度中等。另外其他居群的 Fst＜0.05、基因流 Nm＞4[29]，表明这些居群间没有遗传分化，居群间的基因交流频繁。四川省（Gst=0.475，Nm=0.553[28]）和甘肃省（Gst=0.4791，Nm=0.5436[6]）采集的 8 个自然居群出现了明显的遗传分化，居群间的基因流动频率较低。在迁地保护的狭叶坡垒、广西火桐、南方红豆杉时[16-18]，也存在一定程度的遗传分化，基因流较低，这可能是自然居群中的野外幼苗成活率低，从而限制了居群间的基因交流，增加了居群间的遗传分化[14, 29-31]。本文研究的岷江柏迁地保护居群和野生居群可能范围较近，因此遗传上居群间没有出现太大的差异。因此，在迁地保护过程中尽可能扩大迁地保护居群的规模，增大迁地保护的个体数量，以增加其遗传多样性水平，同时开展长期监测和适应性评价，提高迁地保护效率。

4　结论

利用鉴定到的 1 259 610 个 SNP 位点分析发现，大部分迁地保护的移栽岷江柏居群和野生岷江柏聚在一起，没有明显的分群现象。迁地保护移栽的岷江柏居群的遗传多样性较高，并且居群间没有遗传分化，居群间的基因交流频繁。因此，为更好地保护岷江柏居群遗传水平，迁地保护过程中应尽可能多地从尚未进行过收集的各自然居群中采集繁殖材料，为其他野生植物的迁地保护评价提供参考。

参考文献

[1] 彭成，李绪佳，王欢，等. 大渡河水电开发对岷江柏（*Cupressus chengiana*）空间分布格局的影响[J]. 四川林勘设计，2011，1（1）：48-52.

[2] 冯秋红，缪国辉，徐峥，等. 施氮对干旱河谷岷江柏（*Cupressus chengiana*）幼苗光合生理特征的影响[J]. 西南农业学报，2020，33（7）：1455-1460.

[3] Li J, Milne R I, Ru D, et al. Allopatric divergence and hybridization within Cupressus chengiana（Cupressaceae），a threatened conifer in the northern Hengduan Mountains of western China[J]. Molecular Ecology, 2020, 33（7）: 1455-1460.

[4] 魏海龙，郭星，何静，等. 白龙江流域岷江柏木种群结构及动态研究[J]. 甘肃农业大学学报，2019，54（2）：122-129，137.

[5] 贺维，彭丽君，杨育林，等. 岷江干旱河谷岷江柏人工林群落结构和物种多样性研究[J]. 四川林业科技，2019，40（6）：25-31.

[6] Hao B Q，Li W，Mu L C，et al. A study of conservation genetics in Cupressus chengiana，an endangered endemic of China，using ISSR markers[J]. Biochemical genetics，2006，44（1-2）：31-45.

[7] 邓力濠，张明芳，师嘉祺，等. 岷江杂谷脑流域典型天然林和人工林林地水文效应研究[J]. 西南林业大学学报，2021，41（3）：45-52.

[8] 拓飞，董治宝，南维鸽，等. 沙地柏人工林和天然林风沙土特性研究[J]. 水土保持研究，2021，28（2）：80-87.

[9] 王金池，黄清麟，严铭海，等. 由邓恩桉人工林转型的 7 年生丝栗栲天然林特征[J]. 林业科学，2021，57（1）：12-19.

[10] 林勇，刘凯，张文，等. 大渡河上游天然岷江柏木移植试验及种质资源保存[J]. 四川林业科技，2019（2）：94-98.

[11] 康明，叶其刚，黄宏文. 注意植物迁地保护中的遗传风险[J]. 遗传，2005，27（1）：160-166.

[12] Taranto F，D'agostino N，Greco B，et al. Genome-wide SNP discovery and population structure analysis in pepper（Capsicum annuum） using genotyping by sequencing[J]. BMC Genomics，2016，17（1）：943.

[13] Wu C C，Chu F H，Ho C K，et al. Identification of hybridization and introgression between Cinnamomum kanehirae Hayata and C. camphora（L.） Presl using genotyping-by-sequencing[J]. Scientific reports，2020，10（1）：1-10.

[14] 刘梦婷，魏新增，江明喜. 濒危植物黄梅秤锤树野生与迁地保护种群的果实性状比较[J]. 植物科学学报，2018，36（3）：354-361.

[15] 韦霄，韦记青，蒋水元，等. 迁地保护的金花茶遗传多样性评价[J]. 广西植物，2005，25（3）：215-218.

[16] 代文娟，黎乾坤，骆文华，等. 狭叶坡垒 RAPD-PCR 反应体系优化[J]. 种子，2013，32（7）：10-13.

[17] 骆文华，代文娟，刘建，等. 广西火桐自然种群和迁地保护种群的遗传多样性比较[J]. 中南林业科技大学学报（自然科学版），2015（2）：66-71.

[18] 李乃伟，贺善安，束晓春，等. 基于 ISSR 标记的南方红豆杉野生种群和迁地保护种群的遗传多样性和遗传结构分析[J]. 植物资源与环境学报，2011，20（1）：25-30.

[19] Munyengwa N，Guen V L，Bille H N，et al. Optimizing imputation of marker data from Genotyping-by-Sequencing（GBS） for genomic selection in non-model species：rubber tree（Hevea brasiliensis） as a case study[J]. Genomics，2021，113（2）：655-668.

[20] Liu Y，Yi F，Yang G，et al. Geographic population genetic structure and diversity of Sophora moorcroftiana based on genotyping-by-sequencing（GBS）[J]. Peer J，2020，8：e9609.

[21] 王小柯，江东，孙珍珠. 利用 GBS 技术研究 240 份宽皮柑橘的系统演化[J]. 中国农业科学，2017，50（9）：1666-1673.

[22] Ryu J，Kim W J，Im J，et al. Single nucleotide polymorphism（SNP） discovery through Genotyping-by-Sequencing（GBS） and genetic characterization of Dendrobium mutants and cultivars[J]. Scientia Horticulturae，2019，244：225-233.

[23] 周萍萍，颜红海，彭远英. 基于高通量 GBS-SNP 标记的栽培燕麦六倍体起源研究[J]. 作物学报，2019，45（10）：1604-1612.

[24] Wrigth S. Evolution and the Genetics of Population，Variability within and among Natural Populations[J]. Biometrics，1978.

[25] Elbasyoni I，Lorenz A J，Guttieri M，et al. A comparison between Genotyping-By-Sequencing and array-based scoring of SNPs for genomic prediction accuracy in winter Wheat[C]//International Meeting American Society of Agronomy/Crop Science Society of America/Soil Science Society of America.2013.

[26] Liu Y，Yi F，Yang G，et al. Geographic population genetic structure and diversity of Sophora moorcroftiana based on Genotyping-by-Sequencing（GBS）[J]. PeerJ，2020，8：e9609.

[27] Wu C C，Chu F H，Ho C K，et al. Comparative analysis of the complete chloroplast genomic sequence and chemical components of Cinnamomum micranthum and Cinnamomum kanehirae[J]. Holzforschung，2017，71（3）：189-197.

[28] 姚莉. 中国特有种—濒危植物岷江柏（*Cupressus chengiana* S. Y. Hu）的遗传多样性研究[D]. 成都：四川大学，2005.

[29] 文菁，范嗣刚，李海鹏，等. 南海 4 个花刺参地理群体的遗传多样性研究[J]. 水产科学，2018，37（3）：404-408.

[30] 庞兴宸，陈景锋，孙芝倩，等. 广州兰圃公园兰花种质资源迁地保护[J]. 中国野生植物资源，2020，39（9）：80-90.

[31] 吴世雄，刘艳红，张利民，等. 不同产地东北红豆杉幼苗迁地保护的生长稳定性分析[J]. 北京林业大学学报，2018，40（12）：27-37.

长江流域上游梯级电站生态调度研究现状及有关问题探讨

吉小盼　王天野　傅　嘉　刘　园

（中国电建集团成都勘测设计研究院有限公司，成都 611130）

摘　要：长江上游是我国水能资源最富集的区域，在长江上游干支流兴建电站合理开发水能对国民经济和社会发展具有重要作用，但同时也会对河流生态产生负面影响。生态调度是减轻梯级电站运行对河流生态影响的重要措施之一。随着长江保护法的颁布与实施，将长江流域水利水电工程生态调度提升至新高度，要求将生态用水调度纳入日常运行调度规程，建立常规生态调度机制，保证河湖生态流量。为此，对长江上游梯级电站生态调度研究现状进行分析和总结，探讨了现有研究存在的不足，并为后续研究提出了建议。

关键词：长江上游；梯级电站；生态调度

1　研究背景

长江是我国第一大河，水能资源十分丰富，主要分布在上游地区。据统计，长江干支流水能理论蕴藏量为 2.68 亿 kW，可能开发量为 1.97 亿 kW，占全国水能可开发量的 53.4%；而宜昌以上的上游地区蕴藏量约占流域的 80%，可开发的水能资源则占全流域的 87%，是"西电东送"的主要产电区。目前，长江上游干支流水电梯级开发处于活跃期，陆续建成投产了多个梯级电站，其中不乏调节能力较强的控制性工程，它们主要通过蓄洪补枯的方式调节利用河流水资源，发挥防洪、发电等社会服务功能。

水能是我国的重要能源资源，兴建水利水电工程合理开发水能对国民经济和社会发展具有重要作用，但同时也会对河流生态产生负面影响。长江上游梯级水电开发在促进我国经济社会快速发展的同时，也产生了诸多生态环境问题，引起社会各界广泛关注，同时也成为学术界的研究焦点。如何减轻或消除梯级电站对河流生态的负面影响是一个复杂的系统问题，已有研究和实践表明，通过合理确定工程影响河段的生态用水需求，将生态用水调度纳入工程日常运行调度规程，与工程的防洪、发电等社会服务功能统筹协调，是减轻工程运行对河流生态影响的重要措施之一。这种试图通过梯级电站运行调度来改善河流生态的保护措施被称为"生态调度"，其实质是兼顾河流生态用水需求的工程运行调度方式，从广义的角度来看，只要是旨在维护或改善河流生态的工程运行调度方式，都可以纳入生态调度的范畴。

我国从 20 世纪 80 年代开始出现生态调度的相关研究，早期的研究主要针对坝（闸）址下游河段生态需水及水库水温分层对河流生态的负面影响等。进入 21 世纪，研究主题开始逐渐转向水库生态调度和水体营养物削减之间的相互影响[1]，针对黄河"中水河槽萎缩、过流量降低"等问题开展的"调水调沙"生态调度研究[2]，围绕水生生态保护的三峡水库生态调度研究[3]，水库生态调度模型和水库群生态调度模型的构建，以及多目标优化计算等方面，生态调度相关研究的广度和深度得以不断拓展。与此同时，有关水电建设环境保护的管理要求也不断提高，国家相继出台多项规范性文件强调生态调度，而生态环境保护主管部门在批复水电规划环评或项目环评时也开始明确提出生态调度研究及实施要求。

当前，随着我国生态文明建设持续推进，长江经济带高质量发展要求不断明晰，长江流域经济社会发展进入新的历史时期。为了加强长江流域生态环境保护和修复，促进资源合理高效利用，保障生态安全，实现人与自然和谐共生、中华民族永续发展，我国首次针对某一流域专门制定了法律——《中华人民共和国长江保护法》。其中，在长江流域水资源保护方面，《中华人民共和国长江保护法》明确提出了"长江干流、重要支流和重要湖泊上游的水利水电、航运枢纽等工程应当将生态用水调度纳入日常运行调度规程，建立常规生态调度机制，保证河湖生态流量"和"对鱼类等水生生物洄游产生阻隔的涉水工程应当结合实际采取建设过鱼设施、河湖连通、生态调度、灌江纳苗、基因保存、增殖放流、人工繁育等多种措施，充分满足水生生物的生态需求"的要求。至此，"生态调度"一词首次在我国以法律规定的形式出现。这一规定意味着今后在长江流域建立和实行生态调度机制有了法律保障，同时也对开展生态调度研究和制定生态调度方案提出了更高要求。

长江上游干流及其重要支流上的水利水电、航运枢纽等工程均具有重要的社会服务功能，但其开发任务当中大多不包括生态保护，因此，兼顾生态需求的工程运行调度方式势必会影响其自身社会服务功能的发挥。生态调度作为保障长江流域生态用水的重要手段，需要在如何更好保护长江生态和发挥相关工程社会服务功能之间寻找最佳契合点，并且，生态调度也具有一定地域性和流域性，需要结合区域或流域实际情况开展研究和组织实施，这其中涉及一系列复杂的科学、技术、和管理问题。为切实贯彻长江保护法有关要求，积极推进长江流域生态调度机制建设及运行，本文通过分析长江上游梯级电站生态调度研究现状，探讨了现有研究存在的不足及今后需要加强的研究重点，以期为后续更好开展长江流域上游生态调度工作提供有益的建议。

2 长江流域上游生态调度研究现状

根据文献检索和资料调研，截至 2021 年 5 月，有关长江流域上游的生态调度研究主要集中在干流河段，其中绝大多数又是针对三峡工程开展的，其他少数研究则主要针对金沙江下游梯级电站开展，除此之外，长江上游干流的其他梯级电站均尚未开展生态调度研究。有关长江上游重要支流的生态调度研究较少，比较典型的有雅砻江下游梯级电站联合运行生态调度研究。

2.1 三峡工程生态调度研究

三峡工程生态调度研究开始于 21 世纪初，至今仍是广大研究者们重点关注的热点问题。近 20 年以来，相关研究和实践主要着眼于改善坝下江段鱼类产卵条件和防控库区支流水华等方面。此外，也有少量关于减轻河口咸潮入侵影响的研究和实践。

有关三峡工程改善坝下江段鱼类产卵条件的生态调度研究较多，但大致可以分为生态调度模型构建及优化计算、生态调度试验研究两大类。在生态调度模型构建及优化计算方面，卢有麟等[4]通过分析发电效益与生态效益之间的制约竞争关系，以发电量最大和生态缺水量最小为目标建立了梯级电站多目标生态优化调度模型，并提出一种改进多目标差分进化算法对所构建模型进行高效求解，又以三峡梯级枢纽（指三峡工程和葛洲坝工程，下同）为例，采用 Tennant 法求得宜昌站生态需水，进而开展了三峡梯级枢纽多目标生态优化调度的实例应用。王学敏等[5]将基于逐月频率计算法及长江流域相关生态要素确定的宜昌站适宜生态流量作为生态效益评价标准，构建了三峡梯级枢纽生态友好型多目标发电优化调度模型，同时提出一种包含外部种群的双种群多目标差分进化算法，并通过"精英选择"和"混沌迁移"机制实现两个种群间的信息交换，提高了算法的多目标优化性能，使模型能够在较短计算时间内获得多个符合生态效益评价标准、分布均匀、收敛性较好的非劣调度方案，从而为制订合理的调度方案提供了科学的决策依据。王煜等[6-7]针对三峡-葛洲坝运行对中华鲟产卵繁殖的影响提出优化中华鲟产卵期（10—11 月）产卵生境的水库调度模型，经优化计算得出的生态调度方案可在葛洲坝水电站仅损失 0.15%发电量的同时使坝下中华鲟产卵场适合度增加 39%，在此基础上，进一步研究认为梯级水库联合生态调度可在满足三峡水库常规调度目标的基础上同时满足中华鲟产卵所需的生态流量，配合葛洲坝电厂优化调度运行方式，可有效增加坝下中华鲟产卵场水动力环境产卵适合度，补偿梯级水库运行对中华鲟产卵生境造成的不利影响。在生态调度试验研究方面，钮新强等[8]最早于 2006 年对三峡工程生态调度若干问题进行了初步探索，在总结三峡工程前期有关研究的基础上，探讨了利用三峡水库汛前需腾空调节库容的调度方式改善长江中游四大家鱼产卵条件的可能，首次提出有利于四大家鱼产卵的调度设想。2008 年，水利部中国科学院水工程生态研究所在针对四大家鱼自然繁殖需求的三峡工程生态调度方案前期研究的基础上，进一步研究提出促进四大家鱼自然繁殖的三峡工程生态调度方案建议：在 5 月中旬至 6 月下旬宜昌水温达 18℃以上时，适时开展生态调度试验，三峡水库通过加大下泄流量，使葛洲坝下游河道产生明显的涨水过程，将宜昌站流量 11 000 m^3/s 作为起始调度流量，在 6 天内增加 8 000 m^3/s，最终达到 19 000 m^3/s，调度时保持水位持续上涨，水位平均日涨率不低于 0.4 m。此后，从 2011 年开始三峡工程启动促进长江中游四大家鱼产卵的生态调度试验，截至 2018 年，已先后开展生态调度试验 12 次，其间，于 2017 年 5 月首次启动溪洛渡、向家坝、三峡梯级水库联合生态调度试验。历次生态调度试验期间，有关单位按既定计划同步开展鱼类早期资源监测，并对生态调度试验效果进行评估。相关研究表明[9-11]，三峡水库在 2013—2017 年的 5—7 月营造的涨水过程能够在一定程度上满足监利江段四大家鱼繁殖所需的水文需求，对减缓三峡水库运行引起的长江中游鱼类繁殖的不利影响和维持鱼类种群资源补充具有重要意义；三峡水库在 2011—2018 年连续实施生态调度，对近年来长江中游四大家鱼的种群恢复起到了一定作用。此外，还有研究认为三峡水库在 2018—2019 年的 5—7 月实施的生态调度对监利江段贝氏鳌、鳊、银鮈等鱼类的自然繁殖有明显促进作用[11]。以上研究还同步研究了生态水文指标与产卵量的关系，其中，徐薇等[10]采用系统重构的方法分析了四大家鱼自然繁殖的关键生态水文要素，提出了宜昌江段涨水过程的生态调度优化条件，包括初始流量达到 14 000 m^3/s，持续涨水 4 d 以上，水位日涨幅平均大于 0.5 m，流量日增幅平均大于 2 000 m^3/s，与前一次洪峰的间隔时间在 5 d 以上。

　　除了针对三峡工程生态调度模型构建及优化计算和生态调度试验研究外，也还有一些学者单纯开展了生态调度目标研究，其主要表现形式为生态水文目标。例如，郭文献等[12]采用生态水文学法中的逐月频率法量化了三峡水库下泄环境流调度目标，并根据 Shelford 耐受性定律和 IHA-RVA 法基本原理量化分析了中华鲟产卵期和四大家鱼产卵期的生态水文目标；李翀等[13]基于其 1900—2004 年共 105 年的日径流资料，采用 IHA-RVA 法每年 5—6 月涨水过程数、总涨水日数、平均每次涨水过程日数等 3 项生态水文指标，得出将长江中游每年 5—6 月的总涨水日数维持在（22.1±7.2）d 作为生态水文目标，可从生态流量方面补偿三峡工程对长江中游四大家鱼鱼苗发江量的影响。此外，也有学者研究了长江中游中华鲟产卵场的水流条件、水文状况及其与鱼类繁殖活动的关系，为进一步开展针对中华鲟产卵繁殖的生态调度提供了重要参考[14-18]。

　　三峡工程生态调度研究涉及的另一个主要方面为防控库区支流水华，刘德富等[19]在对深入研究三峡水库干支流水动力特征及其环境效应、支流库湾水华机理研究的基础上，从水华形成机理出发，结合"临界层理论"和"中度扰动理论"，提出了防控支流水华的三峡水库"潮汐式"生态调度方法[20]，即通过水库短时间的水位抬升和下降来实现对生境的适度扰动、增大干支流间的水体交换、破坏库湾水体分层状态、增大支流泥沙含量等机制来抑制藻类水华，包括春季"潮汐式"调度方法、夏季"潮汐式"调度方法和秋季"提前分期蓄水"调度方法。该调度方法提出后，三峡水库自 2009 年开始每年在预计水华发生期开展试验性调度，以尝试抑制支流水华的发生。根据试验性调度期间的监测结果来看，水华暴发程度明显低于 2007 年、2008 年等未开展试验性调度年份的同时期水华。刘晋高等[21]以水位、水位变频、水位变幅为水华预测模型的输入量，水体中的叶绿素浓度为预测输出量，采用 BP 神经网络（BNN）构建了水华预测模型；将水华预测模型嵌入水库调度模型中，以水体中的叶绿素值为约束构建了防控支流水华的生态调度模型，并以离散型动态规划法（DDDP）对调度模型进行了求解，得出三峡水库开展生态调度在保证整体经济效益不亏损的情况下能有效地控制支流极端水华的暴发认识。

2.2 金沙江下游梯级电站生态调度研究

金沙江下游河段是长江流域水能资源最富集的河段，自上而下依次规划有乌东德、白鹤滩、溪洛渡、向家坝 4 座巨型梯级电站。溪洛渡和向家坝水电站是规划开发的第一期工程，装机容量分别为 1 260 万 kW 和 600 万 kW，已相继于 2013 年、2012 年蓄水发电。有关金沙江下游梯级电站的生态调度研究最早开始于 2012 年，由中国水利水电建设工程咨询有限公司联合中国电建集团成都勘测设计研究院有限公司组织开展。该研究前后历时 4 年，研究人员在开展大量基础调查和研究的基础上，合理确定金沙江下游生态保护目标，采用包括生态水力学法、生境分析法、生态水文分析法在内的多种方法研究确定了生态保护目标需求，并结合彼时的开发情况及外部环境条件，重点确定了金沙江下游一期工程（溪洛渡和向家坝）生态调度与监测方案，制订了溪洛渡、向家坝水电站联合运行生态调度试验方案。在此基础上，中国长江三峡集团有限公司于 2017 年 5 月首次启动溪洛渡、向家坝联合生态调度试验，并同步开展了监测和评估。任玉峰等[22]针对此次生态调度试验，分析了生态调度对下游鱼类产卵、梯级电站调峰、库区航运、水库防洪等 4 个方面的影响，认为其对鱼类产卵作用明显，对向家坝调峰影响较大，对防洪有影响。

在生态调度模型构建与优化计算方面，也有一些关于金沙江下游梯级电站的研究。龙凡等[23]利用年内布展法和改进 FDC 法计算了最小生态流量和适宜生态流量，设置了 4 种约束方案：工程规划约束、年内布展法计算的最小生态流量约束、改进 FDC 法计算的最小生态流量约束、改进 FDC 法计算的适宜生态流量约束，并对建立的溪洛渡-向家坝生态调度模型进行求解，结果表明，当设置最小生态流量约束时，各典型年的发电量基本都能达到最大值，当设置适宜生态流量约束时，各典型年的发电量都有所减少。蔡卓森等[24]

采用 RVA 法量化下游河道适宜生态流量，建立了以调度期内发电量最大和下游河道适宜生态流量改变度最小为目标的梯级水库群多目标优化调度模型，并以 NSGA 算法对模型进行求解，以典型丰水年、平水年、枯水年溪洛渡的入库流量进行优化调度计算，得出了适宜生态流量改变度与发电损耗的关系。李力等[25]基于逐月最小生态径流计算法确定河流最小生态流量，以河流生态需水满足度最大和梯级发电量最大为目标建立多目标优化调度模型，并采用改进 NSGA-Ⅱ算法对模型进行求解；该研究认为乌东德、白鹤滩投产运行将会导致蓄水期下游河流生态缺水情况更加严峻，优化梯级水库运行方式、适当提前蓄水可提高下游河流生态蓄水满足度，缓解梯级发电效益与生态效益之间的竞争关系。

2.3　雅砻江下游梯级电站生态调度研究

雅砻江是长江上游重要的一级支流，水能资源丰富，是中国十三大水电基地之一。据统计，雅砻江流域干支流水能资源理论蕴藏量 3 840 万 kW（占长江流域总量的 13.8%），技术可开发量 3 466 万 kW。理论蕴藏量中，干流达到 2 182 万 kW，占全水系的 56.8%，而干流水能又主要处于中下游江段。

有关雅砻江下游的生态调度研究较少，见诸报道的研究最早开始于 2009 年，梅亚冬等[26]针对雅砻江下游梯级电站开展过生态友好型优化调度研究，该研究考虑锦屏二级减水河段和二滩水电站坝下河段生态流量方案，建立了以梯级电站发电量最大为目标的长期优化调度模型，定义并计算了生态需水电能损失指标，比较分析了考虑锦屏二级减水河段和二滩水电站生态流量方案对发电量的影响，认为二滩水电站下泄生态流量方案若维持天然径流模式，将限制水库调节能力和减水梯级电站发电效益。

2012 年，随着雅砻江干流下游水电开发快速推进，为落实"在做好生态保护的前提下积极发展水电"科学发展理念，推动雅砻江流域尽快实施梯级电站生态调度，中国电建集团成都勘测设计研究院有限公司开展了雅砻江流域梯级电站联合运行生态调度研究。该研究前后历时 5 年，通过大量基础调查和研究，重点考虑水生生态及景观的需求，从满足水量、水文过程、水温的角度，确定了相关电站的下泄生态流量方案和叠梁门运行方案；构建了一种研究发电和生态综合目标优化调度的流程方法，并应用该流程方法建立了雅砻江下游包括锦屏一级和二滩水电站两库五级的梯级联合优化调度数学模型，采用逐步优化算法（POA 算法）对模型进行求解，对多个考虑生态需水和水温需求的多目标调度方案进行优化计算和综合效益比选分析，最终推荐了雅砻江下游梯级电站联合运行综合效益最大的生态调度方案。

3 问题及讨论

长期以来，有关单位及广大研究人员针对长江流域上游梯级电站生态调度开展了大量研究，在寻求通过改善梯级电站运行调度方式减轻或消除水电开发对河流生态环境的影响方面进行了卓有成效的探索，为今后更好地开展长江流域生态调度研究积累了大量理论基础和重要技术参考，但从贯彻落实长江保护法有关要求与建立常规生态调度机制的角度来看，现有研究尚显不足，针对长江干流及其重要支流的梯级电站生态调度还有很大的研究空间。

首先，确定生态调度目标是生态调度研究的关键问题之一，这其中包括生态保护目标的选择及对其需求的确定，生态调度目标确定的合理与否，直接关系到生态调度方案的合理性及生态调度作用发挥。结合长江上游生态调度研究现状来看，现有研究在确定生态调度目标方面存在单一化和偏经验化的问题。例如，多数研究仅选择个别的代表鱼类作为生态保护目标，并且在确定其需求时仅考虑了产卵期的需求，这对于长江流域丰富的生物多样性及鱼类资源来说，必然有一定局限性，今后的研究在这方面有待进一步加强和完善。再如，多数研究在确定鱼类繁殖期所需的水文过程方面采用偏经验类的水文学法，对生态因素的考虑有所欠缺，缺乏对相关生态需求机理的认识，这在某种程度上会影响正确研究结论的得出，从而最终影响生态调度作用的有效发挥，在这方面，有关三峡水库防控支流水华生态调度方法的提出是一个值得借鉴的研究范例[19-20]。并且，除三峡工程外，现有研究均只重点关注了坝址下游河段，而缺少对库区生态环境问题及其调度需求的研究，这也是后续需要重点研究的方面。

其次，生态调度模型研究和生态调度试验研究属于两个可以相得益彰的研究手段，但从目前的研究来看，两者之间缺乏有效的互动，这对最终形成科学合理的多目标协同生态调度方案构成制约。目前的生态调度模型更多侧重于多目标优化计算，而在确定优化计算边界条件方面存在不足，包括对生态调度目标及其他各种约束条件的合理确定，这直接影响其研究成果在工程原型上验证的可能性。而目前的生态调度试验主要采用方案制订—监测实施—效果评价—信息反馈的模式，这种模式在某种特定条件下不失为一种寻求有效生态调度方案的选择，但当生态调度目标与工程的其他调度目标存在明显冲突时却很难被借鉴。因此，建议加强生态调度模型研究与生态调度试验的有效互动，构建生态调度模型研究-生态调度原型试验互馈模式，以促进形成更加科学合理的多目标协同生态调度方案。此外，生态调度模型研究的终极目标是能构建一套全方位快速支持决策系统，通过与水文预报系统的衔接，可将实时水情条件下若干种生态调度方案运用后的情景准确地展现出来，以便于决策者作出合理决定，为实现这一目标，今后需要在生态调度模型定量化、智能化及仿真技术方面加强研究[27]。

再次，现有生态调度研究主要集中在三峡工程，对同样位于长江上游干流的乌东德、白鹤滩、溪洛渡、向家坝等巨型工程及其他工程的研究偏少或者尚无研究；有关重要支流的生态调度研究也偏少，目前仅雅砻江下游开展了梯级电站联合运行生态调度研究，岷江的一级支流大渡河正在开展生态调度研究，岷江干流及其他重要支流（嘉陵江、乌江等）均尚未开展生态调度研究。从长江上游水电格局及开发河段生态环境特点来看，已有研究涉及的水电开发河段范围偏小，关注的梯级电站偏少，未能全部覆盖所有受工程影响的敏感河段，尚不足以支撑梯级电站生态调度在推动长江大保护方面做出应有贡献。今后需在长江上游干流及其重要支流进一步扩大生态调度研究范围，包括相关控制性工程和外环境敏感的其他梯级，以便为后续实现长江上游乃至全流域水库群联合生态调度提供必要支撑。

复次，有关研究显示气候变化对我国淮河及其以南的江河径流影响较大[28]，而江河水情的极端化分布将对梯级电站生态调度带来挑战。陈晓宏等[29]以澜沧江梯级电站为例研究了气候变化对发电和生态调度的影响，以及发电目标和生态目标间协调关系对气候变化的响应，认为气候变化导致的水文变率增强可加剧发电与生态效益间的冲突，导致保持现有发电效益的同时增大了对河道生态的影响。秦鹏程等[30]预估了气候变化对长江上游径流的影响，结果显示，长江上游径流年内分布的均匀性有所增加，但年际变化明显增大，极端旱涝事件的频率和强度明显增加；金沙江和岷沱江流域年径流量、年际变化和年内分布变化小，对气候变化响应的敏感度较低，而嘉陵江流域、乌江流域和长江上游干流径流增加幅度大，同时极端丰枯出现的频率和程度增加显著，是气候变化响应的敏感区域。对此，为避免基于历史资料的确定性生态调度在指导未来的水库生态调度工作中出现谬误，有必要在后续研究中加强气候变化对长江上游梯级电站生态调度的影响研究。

最后，建立常规生态调度机制不可避免地会产生利益冲突，尤其对于涉及不同建设单位的梯级电站联合生态调度，其管理问题具有很大的不确定性，因此，后续也应加强包括生态补偿在内的调度管理制度研究。

4 结语

长江是我国第一大河，保护好长江利在千秋万代。长江保护法的颁布与实施，将有关长江流域水利水电工程生态调度提升至新高度，为推动建立长江流域水利水电工程常规生态调度机制，本文对长江流域水能开发最为集中的上游河段的生态调度研究现状进行了分析和总结，并为后续研究提出了建议。认为当前已有研究为今后更好开展长江流域生态调度研究积累了大量理论基础和重要技术参考，但距离推动建立行之有效的长江上游梯级电站常规生态调度机制尚有差距，主要体现在对相关生态需求的机理认识不足、生态调度目标选择单一化；生态调度模型研究与工程实际联系不紧密，缺乏与生态调度试验的互动，对梯级电站实际生态调度的指导作用不强；基于水文学法确定的单一生态调度目标的生态调度（原型）试验不具普适性；现有研究涉及开发河段及梯级电站的广度不足。为此，建议后续从以下几个方面加强长江上游梯级电站生态调度研究：

（1）从相关生态问题形成机理的角度，研究生态需求，确定生态调度目标。

（2）加强生态调度模型研究与工程实际的联系，构建生态调度模型研究-生态调度原型试验互馈模式，促进形成更加科学合理的多目标协同生态调度方案。

（3）在生态调度模型定量化、智能化及仿真技术方面加强研究，构建生态调度全方位快速支持决策系统。

（4）在长江上游干流及其重要支流进一步扩大生态调度研究范围，包括相关控制性工程和外环境敏感的其他梯级。

（5）开展气候变化对长江上游梯级电站生态调度的影响研究。

（6）开展生态调度管理制度研究。

参考文献

[1] 贾海峰，程声通，丁建华，等. 水库调度和营养物消减关系的探讨[J]. 环境科学，2001，22（4）：104-107.

[2] 陈建国，胡春宏，董占地，等. 黄河下游河道平滩流量与造床流量的变化过程研究[J]. 泥沙研究，2006（5）：10-16.

[3] 陈进，李清清. 三峡水库试验性运行期生态调度效果评价[J]. 长江科学院院报，2015（4）：1-6.

[4] 卢有麟，周建中，王浩，等. 三峡梯级枢纽多目标生态优化调度模型及其求解方法[J]. 水科学进展，2011，22（6）：780-788.

[5] 王学敏，周建中，欧阳硕，等. 三峡梯级生态友好型多目标发电优化调度模型及其求解算法[J]. 水利学报，2013（2）：154-163.

[6] 王煜，戴会超，王冰伟，等. 优化中华鲟产卵生境的水库生态调度研究[J]. 水利学报，2013（3）：319-326.

[7] 王煜，翟振男，戴凌全. 补偿中华鲟产卵场水动力环境的梯级水库联合生态调度研究[J]. 水利水电技术，2017，48（6）：91-97，127.

[8] 钮新强，谭培伦. 三峡工程生态调度的若干探讨[J]. 中国水利，2006（14）：8-10，24.

[9] 周雪，王珂，陈大庆，等. 三峡水库生态调度对长江监利江段四大家鱼早期资源的影响[J]. 水产学报，2019，43（8）：1781-1789.

[10] 徐薇，杨志，陈小娟，等. 三峡水库生态调度试验对四大家鱼产卵的影响分析[J]. 环境科学研究，2020，33（5）：1129-1139.

[11] 孟秋，高雷，汪登强，等. 长江中游监利江段鱼类早期资源及生态调度对鱼类繁殖的影响[J]. 中国水产科学，2020，27（7）：824-833.

[12] 郭文献，夏自强，王远坤，等. 三峡水库生态调度目标研究[J]. 水科学进展，2009，20（4）：554-559.

[13] 李翀，彭静，廖文根. 长江中游四大家鱼发江生态水文因子分析及生态水文目标确定[J]. 中国水利水电科学研究院学报，2006，4（3）：170-176.

[14] 黄明海，郭辉，邢领航，等. 葛洲坝电厂调度对中华鲟产卵场水流条件的影响[J]. 长江科学院院报，2013，30（8）：102-107.

[15] 英晓明，杨宇，贾后磊，等. 中华鲟产卵栖息地与流量关系的数值模拟研究[J]. 人民长江，2013，44（13）：84-89.

[16] 陶洁，陈凯麒，王东胜. 中华鲟产卵场的三维水流特性分析[J]. 水利学报，2017，48（10）：1250-1259.

[17] 王悦，杨宇，高勇，等. 葛洲坝下中华鲟产卵场卵苗输移过程的数值模拟[J]. 水生态学杂志，2012，33（1）：1-4.

[18] 杨德国，危起伟，陈细华，等. 葛洲坝下游中华鲟产卵场的水文状况及其与繁殖活动的关系[J]. 生态学报，2007，27（3）：862-869.

[19] 刘德富，杨正健，纪道斌，等. 三峡水库支流水华机理及其调控技术研究进展[J]. 水利学报，2016，47（3）：443-454.

[20] 三峡大学. 一种通过水位调节控制河道型水库支流水华发生的方法：CN201010532571.1[P]. 2011-03-02.

[21] 刘晋高，诸葛亦斯，刘德富，等. 防控三峡水库支流水华的生态约束型优化调度[J]. 长江流域资源与环境，2018，27（10）：2379-2386.

[22] 任玉峰，赵良水，曹辉，等. 金沙江下游梯级水库生态调度影响研究[J]. 三峡生态环境监测，2020，5（1）：8-13.

[23] 龙凡，梅亚东. 金沙江下游溪洛渡-向家坝梯级生态调度研究[J]. 中国农村水利水电，2017（3）：81-84.

[24] 蔡卓森，戴凌全，刘海波，等. 兼顾下游生态流量的溪洛渡-向家坝梯级水库蓄水期联合优化调度研究[J]. 长江科学院院报，2020，37（9）：31-38.

[25] 李力，周建中，戴领，等. 金沙江下游梯级水库蓄水期多目标生态调度研究[J]. 水电能源科学，2020，38（11）：62-66.

[26] 梅亚东，杨娜，翟丽妮. 雅砻江下游梯级水库生态友好型优化调度[J]. 水科学进展，2009，20（5）：721-725.

[27] 陈进. 长江流域水资源调控与水库群调度[J]. 水利学报，2018，49（1）：2-8.

[28] 王国庆，张建云，管晓祥，等. 中国主要江河径流变化成因定量分析[J]. 水科学进展，2020，31（3）：

313-323.

[29] 陈晓宏，钟睿达. 气候变化对澜沧江下游梯级电站发电及生态调度的影响[J]. 水科学进展，2020，31（5）：754-764.

[30] 秦鹏程，刘敏，杜良敏，等. 气候变化对长江上游径流影响预估[J]. 气候变化研究进展，2019，15（4）：405-415.

水电工程环境影响的天地空一体化监测体系研究

尹华政　薛联芳　章国勇

（水电水利规划设计总院，北京 100120）

摘　要：为全面提升水电工程环境影响监测预警能力，促进水电站经济发展与生态环境保护的
"双引擎"动力高质量发展，通过对原有水电工程环保工作监测网络的集成优化，增设站点、
扩展监测项目和引入新技术，建立了集天地空一体化的水电工程环境影响四维监测网络；同时
基于《可持续水电评价导则》等标准规范，构建了水电工程全过程环境保护工作的评价体系，
从工程运行、环境监测、环保设施运行及效果评估、流域环境评价等方面构建电站环境影响后
评价模型。该监测体系及环境影响后评价模型已成功应用于黄河上游青海段 8 座水电梯级开发
生态环境全过程监测及评估，支撑黄河上游水电工程环保工作开展，发挥区域可再生能源综合
效益。

关键词：水电工程；天地空一体化；环境影响监测体系；环境影响后评价

1　概述

随着环保认识的不断提高，在生态环境部的管理下，水电水利行业环保措施建设取得
了巨大成就。以全国已建、在建的 140 余座大型水电站为例，生态流量泄放设施有 33 座，
分层取水设施有 13 座、过鱼设施有 37 座、增殖站有 35 座，珍稀植物园也达到了 31 座。
然而，水电工程涉及面广，工程内容复杂，环境影响范围大、影响因素众多[1]，水电工程
规划设计过程中，无法对其造成的环境影响和环境保护措施的有效性进行准确的预测和判
断。同时，水电工程对生态环境的影响相对滞后，在竣工环境保护验收阶段众多环境影响
尚未显现，水电工程运行期间采用的环保措施是否有效，是否正常运行难以实时掌握。为
此，构建水电工程环境影响监测体系及后评价模型，通过长期跟踪监测识别环保措施实施
运行效果和生态环境影响，为进一步优化、完善生态环境保护对策措施提供数据支撑，最

大限度地发挥水电工程生态效益，同时可从流域生态保护和水资源需求的角度出发，为流域梯级水电站群联合生态调度运行提供决策依据。

水电工程环境影响监测网络构建及评价体系虽已取得很多研究成果，但目前我国环境影响后评价的研究工作还处于起步阶段，有关水电工程环境影响监测技术及环境影响后评价的内容、方法等方面的理论研究还处于探索阶段，自20世纪70年代开始，我国建立了一批生态研究和环境监测站点，其中，比较有代表性的是为监测中国生态环境变化而成立的中国生态系统研究网络（CERN）[2]。黄真理[3]概述了埃及阿斯旺、巴西伊泰普、中国的二滩和三峡等 4 个世界著名水电站的长期环境监测计划和减少负面影响的对策；Zhang[4]针对南水北调工程开展了流域生态环境监测；吴炳方等[5]搭建了"长江三峡工程生态与环境监测系统"，为三峡库区生态与环境的变化积累了长期、系统的历史资料。围绕水电工程环境影响后评价，郑艳红等[6]针对水电开发项目环境影响后评价的指标选取进行了研究，把水电开发项目环境影响后评价指标体系划分为水环境、生态环境以及社会环境三大系统；盛松涛等[7]基于模糊物元理论，建立了水电工程环境影响综合后评价指标体系和环境影响的模糊物元模型；张虎成等[8]从工程系统、环境系统和管理系统 3 个方面筛选指标并建立河流水电梯级开发环境影响后评价的评价体系。但是从总体上看，上述水电工程环境影响监测网络及后评价体系大多数仍处于分散、重复和不规范的阶段，至今尚未形成科学有效的监测技术路线及系统全面、可大规模推广的环境影响后评价体系。

本文结合水电工程环境影响特点和试点开展环境影响综合监测及后评价工作的经验，建立了集天地空一体化的水电站环境影响四维监测网络；同时基于《可持续水电评价导则》等标准规范，构建了水电工程全过程环境保护工作的评价体系，从工程运行、环境监测、环保设施运行及效果评估、流域环境评价等方面构建电站环境影响后评价模型，并示范应用于黄河上游青海段 8 座水电梯级开发生态环境全过程监测及评估中。

2 天地空一体化环境监测的集成及优化

2.1 监测流域概述

黄河干流按流域特点划分为上游、中游、下游 3 个河段，其中源头至内蒙古托克托县河口镇为黄河上游河段，全长 3 472 km，流域面积 38.6 万 km²。国家电投集团黄河上游水电开发有限责任公司目前在黄河上游段已建成班多、龙羊峡、拉西瓦、李家峡、公伯峡、苏只、积石峡、盐锅峡、八盘峡、青铜峡和大通河流域、陕西嘉陵江、西藏波罗等水电站18 座，总装机容量 1 084.25 万 kW。考虑环境监测数据的完整性，本文选取的监测流域段为黄河上游班多、羊曲（停建）、龙羊峡、拉西瓦、李家峡、公伯峡、苏只、积石峡 8 座水电站，总装机容量 868.5 万 kW（不含羊曲）。

2.2　地面监测网络集成优化

为实现黄河上游青海段 8 座水电工程环境影响的全面监测，需要在常规视频监测、水调自动化监测的基础上，紧密结合 8 座电站特点和本河段生态环境实际特征，有针对性地实施监测站点布设。例如，水质监测方面，针对本河段工业污染源较少的特点，可适当简化对工业废水特征污染物的监测，主要监测易测的常规水质参数作为指示性指标；水温监测方面，根据梯级电站衔接的实际情况，合并部分出入库断面，对于高坝大库增加库区垂向水温监测和库区重点支流水温监测；生态流量监测方面，考虑 8 座电站均为坝式开发，可将坝址下泄的全部流量统计为生态流量监测；对于其他难以定量化监测的指标，通过视频监控结合图像行为识别开展监测。

2.2.1　地面监测网络布点原则

监测方案的可行性需考虑设备安装是否便利，供电、网络条件是否满足要求。新增的水质、水温、河道流量等监测设备及监控摄像头应尽量布设在便于安装及检修的道路通畅的地点，同时要考虑设备被盗、被人为破坏的风险。对于没有供电、网络条件的位置，采用太阳能设备供电、4G/3G/GPRS 信号传输，应安装在无遮挡、信号良好的地方。监测站点布设还应考虑节约经费。例如，出库水质、水温监测可于同一断面，尽量选择同时具备水质、水温监测功能的设备一并监测。水生生态调查可结合栖息地保护工作开展，调查重点生境河段。

2.2.2　地面监测站功能

测站设备应具有如下功能：

（1）测站自动运行：测站按照设定的运行方式自动控制各设备运行，全天候工作，无人值守。

（2）实时自动采集水文要素：水文站（流量站）采集流量、水位数据；水质站采集温度、pH、溶氧、电导率、浊度、化学需氧量（COD）等六要素数据；出入库水温站采集水温数据；垂向水温站采集坝前/库中水温纵向水温分布数据；气象站采集风向、风速、温度、湿度、气压、雨量、地温等七要素数据；视频站采集传输实时视频信息。

（3）信息自动报送：监测数据定时、增量自动报送至"数据接收平台"。

（4）测站具有图像监控能力：测站监控图像定时自动报送至"数据接收平台"。

（5）现地存储功能：采集数据测站存储 1 年以上。

（6）太阳能浮充智能供电：太阳能对蓄电池智能充电控制。

（7）防雷击、抗干扰能力强。

（8）通信智能控制：主信道与备用信道自动切换。

（9）设备工况监测：测站设备电压检测、欠压报警、欠压保护，设备工况信息自动发送"数据接收平台"。

2.2.3 地面监测数据传输系统搭建

各类型遥测站通过 GPRS/4G/5G 无线网络、北斗卫星网络（备用），将水位、流量、水质、气象、视频监控等信息自动发送至系统的数据存储管理中心，为黄河上游水电梯级开发生态环境全过程监测系统提供及时准确的信息来源。数据存储管理中心部署云平台上，由数据接收服务器接收各测站自动监测数据，经过初步处理进入实时数据库，并对自动测报的信息进行汇总。同时将接收数据的时间及合理性判别结果存入数据库，向监测平台提供数据应用服务并进行发布展示。

系统主要技术指标如下：

（1）测站至中心站数据通畅率：≥95%。

（2）重要遥测站数据畅通率：≥99%。

（3）作业完成率：≥95%。

（4）单次完成数据采集、处理的时间：≤10 min。

（5）数据传输误码率：GPRS/4G/5G 通信 Pe≤1×10^{-5}。

（6）平均故障间隔时间（MTBF）：≥8 000 h。

（7）水位、流速、水温、水质等参数监测及发送频率：具备定时发送、增量发送功能。最小可设置 5 min 采集间隔，采集的数据与上次发送的数据变化增量超过±2 cm、±0.2℃时增量发送。

2.2.4 地面监测数据采集流程

（1）工作流程：在水文遥测终端机（RTU）的控制下，按照设定的采样间隔，定期给各传感器上电，采集流量、水质、水温、水位、雨量、气象等水文气象要素及测站工况并本地存储，通信设备将采集的数据自动传送到"数据接收平台"，"数据接收平台"负责测站数据的接收、解码、入库，据此进行各种应用。

（2）通信方式：主/备信道，可自动切换；流量、水质、水温、水位、雨量、气象及测站工况信息采用 GPRS/4G/5G 通信，北斗卫星通信备用；测站图像传输采用 GPRS 通信。

（3）工作体制：采用混合式的工作体制。

（4）供电方式：采用太阳能浮充供电，其中视频站采用交流电供电。

（5）遥测站：由遥测终端机（RTU）、通信模块（DTU）、传感器、供电系统、遥测机箱、安装立杆/落地式机柜、安装辅材等设备设施组成。不同类型的遥测站设备构成不同。

（6）中心站：中心站设备包括计算机网络设备、北斗接收终端（选配）、数据接收平台软件、共享交换软件、系统应用软件（Web）等。数据接收中心设在青海黄河上游水电开发有限责任公司总部大楼。

2.3 空间监测技术的引入

随着卫星遥感技术不断发展，国内外学者针对从陆地卫星到气象卫星多种数据源建立了水环境参数遥感监测定量反演模型。Richard 等[9]研究认为 SPOT 影像的红波段（610～680 nm）为水环境监测敏感波段，并利用指数关系模型反演海岸带区域泥沙浓度。丛丕福等[10]的研究表明，水环境参数浓度与反射率之间一般为线性关系，但对于较为浑浊的内陆和近岸水体，非线性关系更加符合。人工神经网络能够在缺乏先验知识和数据假设的情况下，从大量复杂数据集中提取出潜在模式，揭示其中的规律。Keiner 等[11]利用 TM 数据，通过神经网络反演估算了水体中悬浮泥沙和叶绿素的浓度。但神经网络模型较不稳定，参数的选择至关重要。谢屹鹏[12]以渭河流域为研究区，采用支持向量机、遗传算法、BP 和 RBF 神经网络等多种机器学习算法进行遥感水质监测，效果较好。此外，遥感技术开始广泛应用于无资料地区环境流量监测，张璐等[13]提出一种基于 Landsat 遥感影像的河道水量估算方法，采用 ENVI 提取遥感图像水体面积，结合已知的水量数据，构建水面面积-水量曲线得到估算方程；马津等[14]结合已有的断面流量数据，通过建立宽度-流量曲线得到河流流量估测模型，模型估测和实测径流量具有较好的一致性。

尽管全球学者在遥感反演河道流量的技术方法上取得了很大进展，但通过卫星遥感技术反演流量的方法仅适用大尺度河流，难以应用获取中小河流流量；而当前近地面遥感计算河道流量的方法存在技术复杂、设备昂贵、测算效率低等不足，限制了它们的广泛应用。与卫星遥感相比，低空遥感无人机具有灵活、便捷、快速、分辨率高等特点，可利用飞行高度控制其像元大小，适用于各类河流断面监测，是当今主要的低空遥感平台之一，可在河道地形、土壤侵蚀、地形动态监测、生态参数获取[15-17]等方面应用。

2.4 天地空一体化监测体系

水电工程环境影响监测系统目标是跟踪监测水电工程对生态环境的影响，通过积累历史数据，分析由工程建设引起的生态环境变化和发展趋势，以便及时提出应对策略，为最终的水电工程生态环境后评估提供依据。不同时期，水电工程环境影响监测系统的目标会有所侧重：蓄水前，主要是收集背景资料、观测现状、建立本底数据库；蓄水期，主要是监控水情变化、配合水库蓄水；正常运行后，在监测水电工程运行后对库区及上下游生态环境的影响同时，还要监测库区及其上游经济社会发展、生态环境变化对水电工程运行的影响，为水库优化调度提供环境技术支撑。

依据国家部委对水电行业环境管理的相关要求，建立水电项目环境影响"四维"监测技术体系（见图1），空间维度由点到面，包括从电站、流域、区域到全国的不同范围；时间维度涵盖了规划设计—工程建设—运行的全过程；要素维度包括水环境、水生生态、陆生生态、生态地质等环境要素；业务维度考虑了在工程、环境、管理、社会等各方面的应用需求；监测内容包含地表水水质、水温、生态流量、水生生态、陆生生态、过鱼设施、鱼类增殖放流站、栖息地、陆生动植物保护设施等。与国内外工程监测网络等相比，本文水电工程环境影响监测范围以库区为主，同时兼顾上游、中游、下游，监测内容除考虑水电工程影响的专项监测外，还考虑环保行业管理的执法监测，形成一个庞大、全面、完整的监测网络。

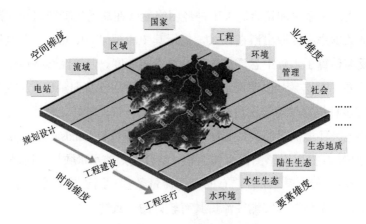

图 1　水电工程环保监测体系设计

3　水电工程环保工作监测体系及评价

环境影响后评价对于完善水电工程全过程环境管理、提升行业环境影响评价技术水平、提高未来项目决策的科学水平都具有重要的作用。鉴于目前国内外对全过程环境监测体系研究尚属空白，结合流域统筹管理需求，本文依托《可持续水电评价导则》等标准编制工作，构建水电工程全过程环境保护工作的评价体系，在从工程运行、环境监测、环保设施运行及效果评估、流域环境评价等方面构建数学模型，定期生成各流域的环境分析报告，为政府、企业提供水电环保工作的优化意见。

水电工程环境影响后评价指标体系主要包括 4 个层次，工程运行评价、水库健康评价、环保设施运行效果评价、流域影响评价构建出指标体系的目标层（见图2）。再通过对水电工程建设环境影响主要因子的鉴别，构建出生态环境泄放达标率、生态水位、水质监测、河流连通性、水温减缓设施等 24 个要素层指标，提出开展如下后评价工作。

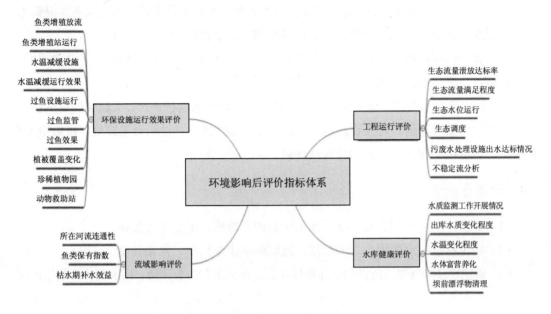

图2　环境影响后评价指标体系

3.1　工程运行评价

（1）输入：水电站上下游拓扑关系，水电站调度过程中的水位过程，生态流量泄放过程，总下泄流量过程。

（2）评价标准：水电站的生态流量泄放要求、鱼类产卵流量要求、生态水位要求、污水处理设施的污水处理要求。

（3）输出产品与结果：生态流量泄放达标率评价、生态流量满足程度评价、生态水位运行评价、生态调度评价、污废水处理设施出水达标情况评价、不稳定流分析评价。

3.2　水库健康评价

（1）输入：水质监测数据、水电站上下游水温、坝上视频数据。

（2）评价标准：地表水环境质量标准、河段水环境功能区水质要求。

（3）输出产品与结果：水质监测工作开展情况评价、出库水质变化程度评价、水温变化程度评价、水体富营养化评价、坝前漂浮物清理评价。

3.3 环保设施运行效果评价

（1）输入：增殖放流数据、增殖站鱼类养殖数据、水温监测数据、历史河道水温数据、过鱼运行及监测数据、卫星遥感数据、珍稀植物园及动物救助站运行数据。

（2）评价标准：鱼类增殖站、低温水减缓设施、过鱼设施、珍稀植物园、动物救助站的设计参数及运行设计要求。

（3）输出产品与结果：鱼类增殖放流评价、鱼类增殖站运行评价、水温减缓设施评价、水温减缓运行效果评价、过鱼设施运行评价、过鱼监管评价、过鱼效果评价、植被覆盖变化评价、珍稀植物园评价、动物救助站评价。

3.4 流域影响评价

（1）输入：水电工程分布数据、水生生态调查数据、电站运行数据。

（2）评价标准：水生生态本底数据、流域多年来水数据、水系长度。

（3）输出产品与结果：所在河流连通性评价、鱼类保有指数评价、枯水期补水效益评价。

4 水电工程天地一体化监测技术应用

根据项目建设目标及任务，针对黄河公司青海段 8 座在建及已建电站的生态环境管理需求，需要新建水文、水质、水温、视频、气象等监测站点，并接入已有系统。新建监测站点、已有系统接入统计见表 1。

表 1 黄河上游水电梯级开发生态环境全过程监测系统监测站网统计

序号	项目名称	数量	单位	监测要素	备注
一	新建测站				
1	河道流量监测站（水文站）	2	站	水位、流速	
2	出库水质监测站	8	站	水温、pH、DO、电导率、浊度、COD	
3	出库水温监测站	7	站	水温（水下 0.5 m）	
4	垂向水温监测站	4	站	纵向水温（坝前悬吊安装）	
5	视频监测站	14	站	下泄生态流量监测（7 站）、工程概况监测（7 站）	
6	自动气象站	1	站	7 要素（风向、风速、温度、湿度、气压、降水量、地温）	
7	北斗终端	台	1	卫星信道接收设备（备用）	
8	鱼类增殖放流监控及运行数据	10	站	视频、影像数据	苏只鱼类增殖站、积石峡鱼类增殖站

序号	项目名称	数量	单位	监测要素	备注
二	接入监测数据				
1	水调系统接入	7	站	出入库流量、生态流量、水位数据、发电量等	
2	过鱼监测及视频监控接入	1	站	过鱼的数量、体长	
		5	站	视频	
3	移栽园视频监控接入	1	项	视频（已建）+新增	
4	施工期视频监控	8	站	视频	
5	气象站	72	站	7要素（风向、风速、温度、湿度、气压、降水量、地温）	
6	水文站	17	站	水位、流量等	
三	其他				
1	陆生生态监测	1	项	遥感影像解译	人工，1次/2 a
2	水生生态监测	1	项	现场调查	人工，1次/2 a

5 总结

围绕黄河上游青海段 8 座水电站，为进一步落实各项环境影响报告书及批复意见的要求，促进羊曲水电站及已建 7 座水电站环境保护工作，发挥区域可再生能源优势，构建水电工程环境影响天地空一体化监测体系，卫星遥感影像、自动监测设备、在线视频与人工调查相结合，实现水电工程全过程环境监测管理；同时筛选出了具有代表性、指导性和可操作性的环境监测指标体系，系统反映水电工程环境影响及环保措施效果。

（1）准确反映水电工程环境影响四维度总体水平和变化趋势，满足生态环境部等政府监管部门要求，同时也能全面反映流域的水生和陆生环境现状和趋势，监测站点的布设紧密结合了 8 座电站特点和本河段生态环境实际特征，有针对性地实施监测站点布设，实现全方面一体化的监测。

（2）为水电工程环境影响后评价提供详尽的流域环境、气象、卫星遥感等技术资料，及时反映环保设施运行情况，进一步完善建设项目规划—建设—竣工—运行完整的环境管理体系，对后续工程优化提供决策依据。

（3）建立环境影响后评价体系，定期生成水电工程环境影响分析报告，及时掌握异常状态，及时发现、消除水电工程环保负面清单。

参考文献

[1] 史云鹏，陈凯麒，包洪福. 水电工程环境影响后评价指标体系研究[J]. 中国农村水利水电，2013（5）：161-163.

[2] 杨萍，于秀波，庄绪亮，等. 中国科学院中国生态系统研究网络（CERN）的现状及未来发展思路[J]. 中国科学院院刊，2008，23（6）：555-561.

[3] 黄真理. 国内外大型水电工程生态环境监测与保护[J]. 长江流域资源与环境，2004，13（2）：101-108.

[4] Zhang Q. The South-to-North Water Transfer Project of China: Environmental Implications and Monitoring Strategy[J]. Jawra Journal of the American Water Resources Association，2010，45（5）：1238-1247.

[5] 吴炳方，袁超，朱亮. 三峡工程生态与环境监测系统的特点[J]. 长江流域资源与环境，2011，20（3）：339-346.

[6] 郑艳红，付海峰. 水电开发项目环境影响后评价及评价指标初探[J]. 水力发电，2009，35（10）：61-63.

[7] 盛松涛，李星，张贵金. 水利水电工程环境影响综合后评价方法研究[J]. 人民黄河，2012，34（10）：110-113.

[8] 张虎成，闫海鱼，徐海洋，等. 河流水电梯级开发环境影响后评价指标体系研究[J]. 贵州电力技术，2014，17（1）：15-17.

[9] Richard L Miller，Brent A McKee. Using MODIS Terra 250m imagery to map concentrations of total suspended matter in coastal waters[J]. Remote Sensing of Environment，2004，9（32）：259-266.

[10] 丛丕福，牛铮，曲丽梅. 基于神经网络和 TM 图像的大连湾海域悬浮物质量浓度的反演[J]. 海洋科学，2005，29（4）：31-35.

[11] Keiner L E，Yan X H. A neural network model for estimating sea surface choir-ophyll and sediments from thematic mapper imagery[J]. Remote Sensing of Environment，1998，66：153-165.

[12] 谢屹鹏. 基于最小二乘支持向量机的渭河水质定量遥感监测研究[D]. 西安：陕西师范大学，2010.

[13] 张璐，董增川，任杰，等. 基于遥感的秦淮河径流量估算方法[J]. 中国农村水利水电，2020（11）：24-27.

[14] 马津，卢善龙，齐建国，等. 水文资料缺乏区河流流量遥感估算模型研究[J]. 测绘科学，2019，44（5）：184-190.

[15] Lee S，Choi Y. Topographic survey at small-scale open-pit mines using a popular rotary-wing unmanned aerial vehicle（drone）[J]. Tunnel and Underground Space，2015，25（5）：462-469.

[16] Cho S J，Bang E S，Kang I M. Construction of precise digital terrain model for nonmetal open-pit mine by using unmanned aerial photograph[J]. Economic and Environmental Geology，2015，48（3）：205-212.

[17] Vivoni E R，Rango A，Anderson C A，et al. Ecohydrology with unmanned aerial vehicles[J]. Ecosphere，2014，5（10）：1-14.

流域水电开发全过程环境影响分析

代自勇　段　斌　王海胜　覃事河

（国能大渡河金川水电建设有限公司，金川 624100）

摘　要： 流域梯级开发是我国水电开发的主要形式。在习近平新时代中国特色社会主义思想指导下，基于碳达峰、碳中和的背景，以我国西南大型流域为研究对象，从流域水电规划、河段开发方案、梯级项目可研、流域开发回顾等阶段进行了环境影响分析，指出了环境影响分析是我国流域水电开发必须优先考虑的因素，提出了流域水电开发必须考虑其整体性、累积性影响的生态保护的整体预案和实施方案，明确了各阶段环境影响分析应彼此协调、上下顺承、突出重点、不断深化。该流域的经验和做法值得其他流域借鉴和推广。

关键词： 流域；水电开发；全过程；环境影响

引言

生态环境关乎人类存续，生态文明关乎人类发展。习近平生态文明思想作为习近平新时代中国特色社会主义思想重要组成部分，是新时代中国生态文明建设的根本遵循和行动指南。2020 年 9 月，我国基于推动实现可持续发展的内在要求和构建人类命运共同体的责任担当，宣布了碳达峰、碳中和"双碳"目标，即二氧化碳排放力争于 2030 年前达到峰值，努力争取 2060 年前实现碳中和，同时把碳达峰、碳中和纳入生态文明建设整体布局。"双碳"目标的提出是我国主动承担应对全球气候变化责任的大国担当，是加快生态文明建设和实现高质量发展的重要抓手，是贯彻新发展理念、推动绿色低碳高质量发展的有力举措。在这样的形势下，我国水电行业如何践行习近平生态文明思想，助力"双碳"目标实现，加强全过程生态环境管理，是值得高度重视且必须做好的工作。由于经济发展的阶段性认识不充分，在我国经济社会发展早期，水电开发侧重于发电经济效益，但对生态环境价值重视不够，水电工程在缓解电力供需矛盾、保障防洪和供水安全、促进社会经济发展、全面建成小康社会等方面发挥了重要作用，但同时对生态环境产生了一定的影响。因此，在我国新发展理念下追求高质量发展的社会经济发展新阶段，开展大中型水电工程项目全过程生态环境管理是十分必要的。

我国西南某大型流域是长江干流的重要支流，规划布置多个梯级电站，规划总装机约27 000 MW。该流域水电开发具有地质条件较差、工程技术难题多、移民数量较多、环境影响因素较复杂等特点，以该大型水电流域为研究对象，从流域水电规划、河段开发方案、梯级项目可研、流域开发回顾等全过程进行环境影响分析，其成果对指导我国水电行业生态环境保护工作具有重要意义。

1 流域水电规划环境影响分析

流域水电规划是水电开发的第一步，决定着各梯级电站基本的技术经济指标和社会影响。因此，流域水电开发规划必须与环评影响分析同步开展，不仅要从经济效益和社会效益的角度制订规划，更要从环境影响角度评价规划，若规划均能满足有关要求，该规划才能成立，各梯级电站才能开展后续工作。

1.1 规划方案

该流域水电规划历经两次大的调整。1990 年审批通过的干流水电规划（以下简称原规划）是根据当时流域经济社会现状及能源需求制定的，提出了干流水能资源开发任务以发电为主，兼顾防洪、航运、灌溉、漂木等，规划"2 库 17 级"方案。考虑原规划已不适应经济社会发展和水能资源开发的生态环境保护要求，2004 年审批通过了干流水电调整规划（以下简称调整规划），调整规划提出的开发任务以发电为主，兼顾防洪、灌溉、供水等，经比选采用"3 库 22 级"开发方案。

1.2 环境影响分析

针对调整规划，2005 年 9 月审查通过了相应的环境影响评价报告书。通过对调整前后两个规划方案在水资源利用程度、水库淹没、环境影响、梯级电站选址及规划建设方案的合理性等方面综合分析比较得出，调整规划较原规划少淹人口 84 591 人、少淹耕地 28 363 亩、少淹县城 2 座、少淹集镇 2 座、少淹 39 km 河段，还将消除对藏碉群、大型工矿企业等敏感点及环境保护目标的直接影响。调整方案的环境经济效益显著。同时，该调整规划实施后也不可避免地对环境产生一些不利影响，主要表现在河流水文情势将发生较大变化，对鱼类生境、种群、资源量产生影响，对陆生生物和植被的影响，对天然河道水温的影响，移民安置环境容量的问题等。针对规划实施可能产生的环境问题，提出了以下环保预防性措施：

（1）规划制订过程中执行了规划环评"早期介入"的原则，该流域规划环评成为我国流域水电开发首个比较完整的规划环评。通过环评优化了规划指标，尽量避开了对环境敏感点的淹没影响，减少了水库淹没和移民数量，并在上中下游分别保留了数段天然河段，缓解了对鱼类生存的影响。

（2）提出了环境影响最小化控制措施。针对电站建设带来的耕地和植被及环境敏感点的影响，优化了开发方案，最大限度地减轻、削弱了规划方案实施的不利影响。

（3）提出了污染影响减量化措施。强化施工期"三废"污染源的达标治理和可靠处理措施，严格库底清理和库周污染源控制及下泄生态流量的水环境保护措施，优化迁建集镇和农村移民安置居住区的选址及相应的环保措施，协调保护好工程区域的文物古迹，强化生态环境保护宣传教育与水土保护方案及施工迹地植被恢复的生态环境保护措施，严格控制施工范围和施工强度，尽量减轻对环境的不利影响。

（4）提出了生态多样性修补措施。在上中下游分别选点建立鱼类人工增殖放流站，实施保护鱼类的增殖放流；加快珍稀保护鱼类资源的生物学及其人工繁育技术研究；做好珍稀植物移栽、异地繁育等措施；实施生态流量泄放，保证沿岸陆生植物和水域景观的生态用水需求。

2 河段开发方案环境影响分析

由于流域水电规划不可能解决各梯级开发的所有制约性因素，同时受规划时长的影响和现实条件的变化，河段开发方案研究是在流域水电规划基础上对局部河段水电开发方案的优化和补充，进一步落实开发条件。因此，河段水电开发方案也需要进行环境影响分析。

2.1 河段开发方案

前文所述的调整规划较原规划方案更具科学性、合理性和现实性，但部分河段的梯级开发方案还存在一些问题，需要在下一阶段工作中进一步研究，一是个别梯级电站仅靠县城上游，且近坝库岸存在巨型滑坡体，工程地质条件较差；二是部分梯级电站开发需协调好环保、景观和已建电站的关系；三是个别梯级涉及淹没重要铁路 11 km，其开发价值和开发方式有待今后进一步研究论证。因此，在调整规划基础上开展了河段开发方式研究工作，研究的原则和思路：通过现场调查和资料分析，科学拟定开发方案，处理好水力资源开发与水库淹没、生态环境保护、地方经济发展、移民搬迁安置、文物古迹保护等方面的关系，尽可能减少和避开对重要铁路、文物古迹、城镇、自然保护区的影响，同时尽量保护库周其他重要影响对象，兼顾生态环境与水能利用的综合效益。因此，通过开发方案研究，将部分河段梯级布置由大淹没单一梯级优化为少淹没多个梯级。

2.2　环境影响分析

以该流域上游某河段为例，河段水电开发拟定了 5 个方案。方案 1—3 采用两级开发，梯级 1 有 3 个坝址，梯级 2 有 1 个坝址，但水位不同；方案 4—5 采用三级开发，梯级 1 有 2 个坝址，梯级 2 有 2 个坝址。经比较，推荐方案 4，即 3 级开发。对于此开发方案的环境影响预测如下。

2.2.1　水环境影响

各梯级均为日调节电站，对日均流量无影响，对河道水温影响不大。各方案保留天然河道长度相等，均有减水河段存在，需要下泄生态流量。水库出入库流量大，污染负荷低，运行后库区水质变化较小，对下游的水质影响很小，各方案均能满足水环境功能的要求。

2.2.2　水生生态影响

建库有利于各梯级电站库区饵料生物生长，浮游植物和浮游动物的种类将有所增加，群落结构将更复杂多样，个体密度和生物量将显著增加，为鱼类提供更丰富的饵料。对于底栖动物有一定的不利影响，迫使其迁移到水库上游保留河段或未淹没的支流河段生存。建库后，在库区内喜急流的鱼类将有所减少，部分将进入保留河段和支流急流水域环境；而适应缓流和静水生活的种群将逐渐增多，形成库区优势种群。各方案均改变了河段内生境，水位变化对鱼类的产卵场有一定影响，在库区内形成新的索饵场和越冬场。

2.2.3　陆生生态影响

该河段干旱河谷灌丛分布较广，是受影响的主要植被。受影响的植被是广泛分布的物种，种群数量很大，不会减少评价区内广泛分布的物种。河流峡谷区海拔低，干流水势湍急，人为活动频繁，有动物活动，但不涉及具规模的栖息地。区内鸟类栖息地分布在海拔高处，而非河谷地区，受施工的影响很小；兽类主要在海拔较高的山原针叶林区，不会受到工程直接影响；并且鸟类和兽类的活动能力较强，随人为活动将自行迁徙，工程建设对其影响很小。各梯级工程范围均在自然保护区等生态红线之外，工程建设不影响有关保护区域。

2.2.4　环境地质

从库岸稳定、水库渗漏、固体径流、水库淹没、水库诱发地震等方面来看，各方案均不存在制约性的环境地质问题。

2.2.5 水库淹没和移民安置环境影响

各梯级电站建设主要占用耕地和林地，对当地农林业生产造成一定的影响。移民主要采用县内就近安置的方式，在切实落实相关政策后，可确保移民生活水平不降低。移民是少数民族，工程建设是少数民族文化与民俗保护和发展的良好契机。同时，移民安置活动会对地表产生扰动，必须采用有效的环保和水保措施。

2.2.6 社会环境影响

各方案的实施将带来较大的发电效益，有利于当地县城、乡镇的防洪，可促进地方经济社会发展。电站建成后形成的水库将显著扩大当地的水域面积，增加空气湿度，局部改善当地干热的环境，有利于当地发展旅游业。各方案实施后将淹没已有基础设施、土地房屋等，需要采取相应的复建和保护措施，同时有利于对当地经济社会更好发展。方案 4 的淹没最小，对社会环境影响也最小。

3 梯级项目可研环境影响分析

在流域水电规划和河段水电开发方案的基础上，各梯级电站需要开展预可研和可研阶段的勘测设计工作，同步开展设计方案的环境影响评价与分析，进行环境保护和水土保持的设计，制订相应的方案和措施，为项目核准和开工建设奠定基础。下面以该流域一个梯级电站为对象进行项目可研环境影响分析。

3.1 梯级电站项目概况

某梯级电站位于该流域中下游河段，为二等大（2）型工程，开发任务以发电为主，兼顾库区供水。电站总装机容量 300 MW，多年平均发电量 15.03 亿 kW·h。工程为径流式电站，枢纽建筑物方案为右岸河床式厂房+左岸 5 孔泄洪闸，其中，挡水建筑物由左岸非溢流坝段、泄洪闸坝段、厂房坝段及右岸非溢流坝段组成，最大坝高 54 m；泄水建筑物为开敞式 5 孔泄洪闸，最大闸高 48 m；河床式厂房布置在河床右侧，主机间内装有 6 台单机容量为 50 MW 的卧式灯泡贯流机组，进水口采用两孔一机供水方式，底板底高程 554.00 m；过鱼设施方案采用竖缝式鱼道，鱼道全长 760.8 m，克服最大水头落差 15 m。

3.2 环境影响分析过程

项目业主组织技术服务单位在认真分析资料和多次现场查勘调研的基础上，结合该项目特点确定项目环境影响评价的工作重点，明确主要环境保护目标、评价因子、评价等级、评价标准、评价范围。制订环境现状监测方案，开展评价区环境质量监测工作，根据技术导则要求对区域地表水环境、地下水环境、大气环境、声环境、振动环境、土壤环境等进行了现状监测，以掌握区域环境质量现状；开展项目水生生态及陆生生态现状调查，开展水质影响预测研究、鱼道水力学模型试验工作。组织技术服务单位对该河段水电开发对水生生态、陆生生态、水文情势、水环境等造成的实际影响进行了回顾，并对该项目上下游已建电站采取的增殖放流、栖息地保护、生态流量泄放等环保措施实施效果进行了全面评估，系统回顾了河段水电开发对生态环境造成的实际影响，总结了环境保护经验，以指导该项目设计和环保方案制订工作。

3.3 项目的规划符合性

该项目建设符合流域水电规划与规划环评，符合河段开发方案及其环评要求。国务院于 2012 年批复了《长江流域综合规划（2012—2030 年）》，明确了"在水电开发中，应处理好开发与保护的关系，发挥水库综合利用效益"的要求。在该项目规划设计过程中，针对工程建设和运行可能产生的不利环境影响，主要开展了鱼道专题研究设计、鱼类人工增殖放流、库区支流江沟沟口段栖息地修复、实施生态流量保障及在线监测等措施，同时该项目工程建设不涉及生态保护红线。因此，该项目建设符合规划环评及《长江流域综合规划（2012—2030 年）》要求。

3.4 主要环境事项及对策

该项目所在河段有多个已建梯级电站，该项目上下游均有在运电站，工程河段水电开发建设已经对河段水文情势及水生生态等造成了一定影响，因此，需要在回顾工程河段水电开发环境影响、总结环境保护措施经验教训的基础上，进一步分析该项目开发对区域水文情势、水生生态、水环境等产生的累积性影响，进一步优化环境保护措施，协调好水电开发与生态保护的关系。该项目需要关注的主要环境事项如下：

（1）深入回顾上游主要控制性梯级电站及工程河段已建电站开发建设对区域水文情势、水环境、水生生态、陆生生态等造成的实际影响，并对目前采取的生态流量泄放保障措施、过鱼设施、鱼类增殖放流、栖息地保护、生态恢复等措施的实施效果进行评估，分析现有环保措施的有效性，总结取得的环境保护经验教训，以指导后续梯级开发建设。

（2）该项目属于径流式电站，水库无调节性能，保持与上游梯级水电站同步发电运行，即"来多少、泄多少"，对下游河段水文情势不会进一步产生累积性影响。根据调查，拟建项目与下游梯级之间无重要取用水对象及鱼类重要生境分布，工程下泄生态流量主要为满足下游水生生态系统用水需求，工程拟定最小下泄生态流量与上游电站保持一致，并同步开展生态流量实时监测，电站运行对下游水文情势影响很小。

（3）该项目为径流式电站，水库蓄水后对库区及坝址下游的水动力条件影响很小，根据地表水环境预测模拟结果，库区及下游水质基本维持现状，能够满足河段水功能区划要求。

（4）该项目建成后将对工程河段水生生境形成进一步阻隔影响。为减缓工程建设对水生生态造成的不利影响，在充分借鉴临近电站鱼道运行经验的基础上，开展了过鱼设施方案设计和专项设计，优化了目标过鱼种类，将进一步优化诱鱼设施、鱼道结构、运行管理等具体内容，以不断提升工程过鱼设施效果。此外，该项目还依托建成的现有鱼类增殖站开展人工增殖放流，以进一步补充影响河段鱼类资源量。为补偿水库蓄水对干流天然流水生境的影响，在对坝址上下游支流生境进行深入调查的基础上，经过多方面的技术比选论证，选择将库区右岸库尾附近支流河口以上 1 km 范围作为鱼类栖息生境保护范围，并同步开展河口及河道微生境修复工作，为鱼类营造栖息繁殖生境条件。通过以上措施，可有效减缓工程建设对水生生态造成的不利影响。

（5）该项目坝址位于城区附近，工程施工期造成的扬尘及噪声影响问题需要高度关注。工程施工期间主要大气污染影响来源为砂石料加工系统、混凝土拌和系统及道路运输等产生的粉尘，根据环境空气预测模拟结果，在采取有效的扬尘控制措施后，施工区附近受影响的敏感点 TSP 浓度均能满足《环境空气质量标准》（GB 3095—2012）的二级标准，工程施工对金口河城区的大气影响可得到减缓和控制。根据噪声预测模拟结果，工程施工对区域声环境质量有较大影响。为减缓不利影响，工程主要采取了主要噪声源封闭及吸声、降噪措施，在主要施工区及敏感点附近设置临时声屏障，针对超标敏感点采取专门防护措施，并预留噪声污染防治费用及开展跟踪监测等措施。

3.5 环境影响分析小结

该项目开发建设符合有关规划及规划环评要求；工程建设不涉及生态保护红线，符合项目所在地"三线一单"管控要求。该项目属于径流式低水头电站，工程开发建设对区域环境的不利影响主要来自进一步加剧河段水生生境阻隔，以及施工期间产生的大气及噪声污染，在水文情势、水温、水质等方面不会造成明显的累积性影响。在严格落实生态流量泄放、过鱼设施、人工增殖放流、栖息地保护、大气及噪声污染防治、陆生生态保护等各项环境保护措施的前提下，工程建设的不利环境影响可得到减缓和控制。从环境保护角度分析，工程建设可行。

4 流域水电开发环境影响回顾性分析

当流域水电开发到一定程度后，进行环境影响回顾性分析对协调干流梯级开发与生态环境保护的关系、优化流域后期水电开发梯级的建设方案、完善流域环境保护对策措施等具有十分重要的意义，对解决目前我国水电开发存在的环境困局有启示作用，对推动开展和进一步规范流域梯级水电开发环境影响回顾评价工作具有借鉴和参考价值。

4.1 分析思路

通过资料收集整理和现场调研，全面掌握该流域环境本底情况，在回顾总结已建、在建工程区域性、累积性环境影响的基础上，系统分析判断流域水电开发的环境影响趋势，对流域水电梯级全面开发产生的主要环境影响进行研究，找出水电梯级开发环境影响的规律，以把握流域环境总体变化趋势。回顾总结流域梯级电站已实施的环境保护措施效果，从整个流域开发与生态环境保护的角度提出全局性的环境保护对策措施布局方案，为流域水电开发环境管理提供科学依据。同时，制定全流域统筹有效的环境监测网络和环境管理机制，以便掌握大渡河干流各梯级电站环境的动态变化过程。按照生态优先、统筹考虑和确保底线的原则研究提出了流域水电开发的时序，并从全流域层面提出了环境保护对策措施。

4.2 环保措施落实回顾

从已建、在建项目环保措施的执行情况及效果分析结果来看，各梯级电站施工期环境保护措施总体执行较好，项目建成后部分区域的景观生态及水土流失状况得以改善；梯级开发对水文情势、水温等影响较大，对鱼类等水生生态影响明显，在落实和完善栖息地保护、鱼类增殖放流、过鱼设施、科研及渔政管理等综合措施后，其不利影响能得到较大缓解；部分梯级涉及珍稀保护植物，在采取异地移栽、繁育种植、补植及管理等综合措施后，相应影响能得到较好消除。从已建、在建梯级电站的环境影响及流域环境变化总体趋势来看，流域水质环境状况基本未受水电开发影响，总体保持良好；已建梯级均处于流域中下游，对陆生生态的影响主要表现为水库淹没及占地对土地利用结构和局部景观生态格局的变化影响，以及施工前期对水土流失的影响，而对生物多样性的影响极小。相反，由于水库对局地气候的改善有利于库区森林植被及生物生产力的改善和提高；由于大坝阻隔导致水生生境破碎化和水文情势的显著变化且流域鱼类资源总体呈下降趋势，鱼类栖息地不断缩小；水电开发在提供大量清洁能源、促进地区发展的同时，也改善了项目区交通等基础设施条件，移民安置资金的投入促进了当地社会经济及城镇化发展。可以预见，在落实后续环保措施，严格按照开发时序分类有序开发后续梯级，流域水电开发与环境保护能协调发展，实现在"开发中保护、保护中发展"的理念。

4.3　后续项目开发时序

从环境限制性因素、环境影响程度、开发建设条件、前期工作进展、鱼类生境保护等角度综合分析，提出的流域干流未建梯级优化开发时序调整意见：不涉及环境制约因素的梯级可适时开发；存在一定环境制约因素的梯级，待相关问题得到解决后可有序推进；存在社会或生态环境制约因素的梯级，需进一步研究，应慎重开发。

4.4　后续梯级开发注意事项

（1）协调各梯级开发业主尽快建立流域梯级开发环境保护管理机构，强化流域环境监测和综合管理机制。

（2）建立鱼类保护区，切实加强鱼类栖息地保护；增设过鱼设施，确保鱼类生境连通；统筹鱼类增殖放流，充分发挥对流域鱼类资源的补偿作用。

（3）落实下泄生态基流和分层取水措施，深化流域生态调度机制。

（4）落实陆生生态保护，建立流域生态补偿机制。

（5）长期进行生态跟踪观测，为流域环境保护提供技术支撑。

（6）结合经济社会发展和新的环境管理要求，进一步深化局部河段开发方案的研究。

（7）继续深入做好水生生境修复、水温影响观测、气体过饱和、环境保护措施实施效果评估等研究。

5　结语

流域梯级开发是我国水电开发的主要形式，上述流域在环境保护方面做了很好的实践。为了妥善处理水电开发与生态环境保护关系，建议如下：

（1）环境影响是我国流域水电开发必须优先考虑的因素，从规划设计、建设实施、后评价等全过程开展流域环境影响分析是十分必要的，该流域的经验值得其他流域借鉴和推广。

（2）流域水电开发环境分析是一个系统工程，需要考虑各阶段的环境影响分析深度和重点，需要考虑流域水电开发对环境的有利影响，更应针对不利影响采取消除、减缓和保护的措施；各阶段环境影响分析应彼此协调、上下顺承、突出重点、不断深化。

（3）对于流域梯级水电开发环境影响分析，应以习近平生态文明思想为指导，重点关注其整体性、累积性影响，研究提出流域生态保护的整体预案和实施方案。

（4）对于开发流域的环境保护方案，应重点关注生态流量泄放、过鱼设施、人工增殖放流、栖息地保护、大气及噪声污染防治、陆生生态保护、生态调度运行管理等措施。

（5）环境保护是生态文明的重要组成，流域水电开发不是保持河流的原生态，而是与生态环境和谐共处、良性循环、全面发展、可持续繁荣，只有与环境保护相互协调、彼此促进才能实现生态文明。

参考文献

[1] 崔磊. 长江水电开发与生态环境保护[J]. 水力发电，2017，43（7）：10-12.

[2] 马亮. 对生态文明与原生态的思考[J]. 南通纺织职业技术学院学报，2014，14（2）：49-53.

[3] 张永成，曲燕. 水电工程建设引发的主要环境问题及对策[J]. 西北水电，2009（1）：1-2.

[4] 祝兴祥，常仲农. 中国水电环境保护状况与对策[J]. 中国电力企业管理，2005（4）：56-58.

[5] 邓敏，刘圆，严佩升. 金沙江中游河段水电开发对陆生生态环境的影响及对策研究[J]. 赤峰学院学报，2018，34（1）：52-54.

[6] 李柏山，李海燕，周培疆. 汉江流域水电梯级开发对生态环境影响评价研究[J]. 人民长江，2016，47（23）：16-22.

[7] 单婕，顾洪宾，薛联芳. 水电开发环境保护管理机制分析[J]. 水力发电，2016，42（9）：1-4.

[8] 钟华平，刘恒，耿雷华. 澜沧江流域梯级开发的生态环境累积效应[J]. 水利学报，2007（增刊）：557-581.

[9] 樊启祥. 水力资源开发要与生态环境和谐发展——金沙江下游水电开发的实践[J]. 水力发电学报，2010，29（4）：1-5.

[10] 段斌. 企业视角下我国水电高质量发展方向探讨[J]. 能源科技，2020，18（6）：1-5.